国家教育部和陕西省新农科研究与改革实践项目"地方应用型本科高校农林类一流专业建设标准研制"、安康学院农学一流专业建设点和安康学院教育教学改革项目"基于国家标准指导下的一流本科专业内涵质量建设评估体系研究（项目编号：YB201903）"共同资助

普通遗传学实验指导

杨松杰　主编

西北农林科技大学出版社

内 容 简 介

遗传学是高等院校农学、林学、医学、生物学和生物技术等专业一门极其重要的专业基础骨干课程，又是一门发展迅速、实践性很强的学科，学科研究范围正在不断拓宽和深化，新技术、新方法不断涌现。

本书吸收了国内外遗传学实验技术的最新研究成果及学科经典实验，突出基础训练，注重完备的实验设计，增加探究创新性实验项目；结合《普通遗传学》理论教学内容，增加了遗传与发育和基因组学等方面的实验内容，力图从多个层面培养我国新建本科院校遗传学初学者和本科学生的技能，启发学生独立思考能力，进而培养学生的综合实验与动手能力。全书内容主要包括三部分：经典遗传学部分、细胞遗传学部分和分子遗传学部分。每一部分又都由验证型、综合型、设计型和探究型实验四部分构成，合计 15 个实验。

本书内容丰富，文字简明，针对性强，技术先进，步骤具体，可供新建本科院校生物科学、生物技术、农学、生物工程等本科专业使用，也可作为各相关专业的教师、学生和研究人员的参考书。

图书在版编目(CIP)数据

普通遗传学实验指导 / 杨松杰主编. —杨凌 ：西北农林科技大学出版社，2019.11

ISBN 978-7-5683-0783-3

Ⅰ. ①普… Ⅱ. ①杨… Ⅲ. ①遗传学－实验－教材 Ⅳ. ①Q3－33

中国版本图书馆 CIP 数据核字(2019)第 271491 号

普通遗传学实验指导
杨松杰　主编

出版发行	西北农林科技大学出版社
地　　址	陕西杨凌杨武路 3 号　　邮　编：712100
电　　话	总编室：029-87093195　　发行部：029-87093302
电子邮箱	press0809@163.com
印　　刷	西安日报社印务中心
版　　次	2019 年 11 月第 1 版
印　　次	2019 年 11 月第 1 次印刷
开　　本	787mm×1092mm　1/16
印　　张	8.75
字　　数	171 千字

ISBN 978-7-5683-0783-3

定价：28.00 元

前言

21世纪是生命科学的世纪,生命科学已经成为自然科学中的领头学科。遗传学(genetics)是研究生物遗传(heredity)和变异(Variation)的科学,是生命科学中的一门重要课程,在与生物相关的所有专业的课程设置中具有不可替代性,同时也是一门实验技能性很强的课程。国内外综合性大学、师范、医学、农科大学均开设了这门课程。

遗传学是从孟德尔著名的豌豆杂交实验中建立起来的。1866年,孟德尔发表了《植物杂交试验》的论文;1900年,荷兰阿姆斯特丹大学德·弗里斯(De Vris H.)、德国土宾根大学科伦斯(Correns C.)和奥地利维也纳农业大学切尔马克(VonTschermak E.)3位科学家在《德国植物学会杂志》上发表的文章都证实了孟德尔的遗传学基本定律,标志着遗传学作为一门学科的正式诞生。20世纪初,由于细胞生物学、物理学、化学等学科的发展与渗透,遗传学利用这些交叉学科进行实验与研究,促进了遗传学的大飞跃。1953年,沃森(James Dewey Watson)和克里克(Francis Harry Compton Crick)发现了DNA双螺旋结构,此后以分子遗传学为中心的现代遗传学得到了空前发展,同时带动了整个生物学的迅猛发展。1997年2月,由英国科学家伊恩·威尔穆特(Ian Wilmut)培育成功的世界上第一只克隆羊"多莉(Dolly)"诞生。进入21世纪后,由美、英、日、德、法、中等6国科学家共同完成了当代生命科学一项伟大的科学工程——人类基因组计划(Human Genome Project,简称"HGP"计划)。这些划时代的科研成果,标志着遗传学进入了又一个崭新的发展时期。

随着现代遗传学的迅猛发展,作为生命科学所有专业的一门专业基础课程,遗传学在生命科学教学中占有越来越重要的地位。遗传学的高速发展离不开大量的实验设计与研究,而遗传学实验是遗传学教学中的重要组成部分。它能验证遗传学基础理论的遗传规律,帮助学生快速掌握遗传学实验的基本技术,培养学生独立分析、解决问题的能力,培养学生严肃、严密、严格的科学态度和良好的实验素养,提高学生的动手能力和创新意识,并能为后续有关课程的学习和将来从事的专业工作奠定坚实的基础。

目前国内与生物有关专业所使用的遗传学实验指导教材,不同的学校有不同的选择,有的是沿用 20 世纪 80 年代出版的教材,有的学校则是根据自己学校的实际,由教师自行编写。这些遗传学实验指导教材,教学内容陈旧,验证性实验多,探究性实验少,不能满足学生掌握新技术、新方法的要求,也不能满足开放式、探究性实验教学的需要。为了使遗传学实验教学这一古老而又飞速发展的基础学科在实验内容上做到更加丰富多彩,与时俱进,更加适应广大教师和学生的需求,我们根据多年来在遗传学实验教学中积累的经验和实验素材,参考国内外的有关文献资料,编写成《普通遗传学实验技术指导》,目的是让学生能更方便地掌握更多遗传学研究的最基本方法,为生命科学研究打下坚实和广泛的基础。

本实验技术指导教材在编写过程中得到了安康学院教务处、安康学院现代农业与生物科技学院以及相关专业部分教师的大力帮助和支持,得到了"安康学院一流专业建设项目基金"的资助,同时还得到了学校农学与生物技术专业部分学生的帮助,在此深表感谢!

本教材编写过程中参考和引用了大量的前人研究成果,所引用的资料尽可能列出了参考文献作者,但难免会有遗漏,在此致以谢意!由于编者水平有限,虽然经过反复斟酌和努力,书中一定还存在不少问题和错误,我们真诚地欢迎广大读者与专家给予批评指正,以便不断地修改完善,使学生能够真正掌握这些实验技术。

作者
2019 年 9 月

本实验指导书安排的实验项目

实验序号	实验项目名称	实验类型	建议课时数	建议实验要求
1	植物细胞分裂及染色体行为的观察	细胞遗传学综合验证型实验	6	必开
2	孟德尔遗传规律的验证	经典遗传学综合验证型实验	4	必开
3	果蝇实验技术	经典遗传学综合设计与验证型实验	6	必开
4	微核检测技术	细胞遗传学基础验证型实验	3	选开
5	高等植物有性杂交技术	细胞遗传学综合与设计型实验	3	必开
6	植物多倍体的诱发及细胞学鉴定	细胞遗传学综合与设计型实验	3	必开
7	粗糙链孢霉杂交分析	细胞遗传学微生物遗传验证型实验	3	选开
8	细菌的专一性转导技术	细胞遗传学微生物遗传验证型实验	2	选开
9	数量性状的遗传分析	细胞遗传学数量性状遗传验证型实验	2	必开
10	植物组织培养技术	细胞遗传学综合与设计型实验	4	必开
11	植物核内基因组总 DNA 提取、PCR 扩增及电泳检测	分子遗传学综合与验证型实验	4	必开
12	DNA 指纹图谱分析	分子遗传学综合与验证型实验	4	选开
13	分子遗传标记技术	分子遗传学综合设计与探究型实验	6	必开
14	人类一些遗传性状（疾病）的调查分析	细胞遗传学群体遗传学验证与探究型实验	2	必开
15	人类苯硫脲尝味的群体遗传学调查	分子遗传学群体遗传探究创新型实验	8	选开

目　录

学生实验守则 ·· (1)

实验室安全须知 ·· (2)

实验一　植物细胞分裂及染色体行为的观察 ··········· (3)

实验二　孟德尔遗传规律的验证 ································· (23)

实验三　果蝇实验技术 ·· (29)

实验四　微核检测技术 ·· (45)

实验五　高等植物有性杂交技术 ································· (49)

实验六　植物多倍体的诱发及细胞学鉴定 ·················· (55)

实验七　粗糙链孢霉杂交分析 ····································· (59)

实验八　细菌的专一性转导技术 ································· (62)

实验九　数量性状的遗传分析 ····································· (67)

实验十　植物组织培养技术 ··· (69)

实验十一　植物核内基因组总 DNA 提取、PCR 扩增及电泳检测 ······· (73)

实验十二　DNA 指纹图谱分析 ··································· (80)

实验十三　分子遗传标记技术 ····································· (85)

实验十四　人类一些遗传性状(疾病)的调查分析 ········· (95)

实验十五　苯硫脲尝味的群体遗传学调查 ················· (101)

附录Ⅰ　普通光学显微镜的结构和使用 ··················· (110)

附录Ⅱ　遗传学实验常用试剂的配制 ·························· (117)

附录Ⅲ　遗传学实验常用染色液的配制 ····················· (121)

附录Ⅳ　遗传学实验常用缓冲液的配制 ····················· (124)

附录Ⅴ　植物组织培养基本培养基的配制 ·················· (125)

参考文献 ·· (129)

学生实验守则

1. 学生实验前应认真预习实验内容并写好预习报告。进入实验室必须穿实验服，带上预习报告，经教师检查同意方可进行实验。

2. 严格按照实验分组表进行实验，不得擅自调整分组。遵守上课时间，不得无故迟到、缺席。有事有病要事先向实验教师请假。一般情况下，所缺实验不得补做。

3. 实验前检查、清理好所需的仪器、用具。如有缺损，应立即向教师报告，不得自己任意拉用。

4. 遵守课堂纪律，保持安静整洁的实验环境。实验室内严禁吸烟、吃东西、随地吐痰、乱扔脏物、大声喧哗等不文明行为。

5. 使用电源时，严禁带电接线或拆线，务必经过教师检查线路后才能接通电源；实验后要切断电源。

6. 爱护仪器，严格按仪器说明书或操作规程操作。仪器用具发生故障、损坏或丢失等特别情况，应立即向教师报告。严禁擅自拆卸、搬弄仪器。有损坏仪器的，应做出书面检查，等候处理。公用工具用完后应立即归还原处。

7. 实验中要注意安全，如仪器设备出现异常气味、打火、冒烟、发热、响声、振动等现象，应立即切断电源，关闭仪器，并向教师报告。

8. 实验中若发生触电等人身伤害，应保持镇定并立即切断电源，马上向教师报告，以便采取相应措施。

9. 实验中要注意节约使用实验材料。

10. 实验完成后，学生应负责将仪器整理还原，桌面、凳子收拾整齐，经教师审查测量数据和仪器还原情况并同意后，方可离开实验室。

11. 实验室中任何仪器用具都不得带出实验室。

12. 实验观察和绘图务求精细、准确，并在独立思考的基础上真实记录实验结果，完成实验报告，如实验失败，应在实验报告中尽可能地找出失败原因。实验报告应在教师指定的时间内完成。

13. 每次实验后，由值日学生打扫卫生并协助实验指导教师收整仪器。

14. 实验报告应在实验教师规定时间内交实验室。

实验室安全须知

1. 实验室内严禁吸烟;严禁食用食物及饮料。

2. 实验过程中,禁止使用手机(手机调至静音或振动,如有紧急联络事项,请至实验室外接听);实验室内严禁嬉闹喧哗。

3. 实验课内必须穿实验服,包覆式鞋子(严禁穿拖鞋、凉鞋)。

4. 实验期间(特别是用火时),蓄长发的同志应将长发扎起于脑后。

5. 个人物品请勿放置于实验桌上;实验期间请随时保持桌面整洁。

6. 实验药品宜采用少量称取方式,若是不慎采取过量,可倒入特定回收容器,切勿倒回原来容器或随意丢弃于水槽中。

7. 使用药品时,应确切了解药品的物理性质、化学性质、毒性及正确使用方法,并且对实验过程中可能发生的危险,采取适当的防护措施。

8. 使用强酸、强碱、挥发性强、危害性大的化学物质,或进行有有害气体产生的实验时,务必使用抽气罩在密闭或半密闭环境中操作,以减少人体对化学药剂的暴露。

9. 如发生大量高浓度酸、碱或危害性化学物质倾倒或泄漏时,应先用毛巾擦拭吸收,再用大量清水洗涤。

10. 如不慎将腐蚀性药剂喷溅至脸、眼或身体时,应尽快以清水冲洗 5 分钟以上(高浓度酸液切不可直接以水清洗,需先用干净毛巾将酸液擦干净后方能用清水冲洗),较重者再送医院处理。

11. 严禁擅自将实验仪器或药剂带离实验室,以免发生爆炸、自燃或误食等情况。

12. 实验室用火时,实验指导教师不可随意离开实验室,加热结束应立即熄火。如不慎发生火灾,应视具体情况,适时选用湿布、干沙或灭火器将之扑灭。

13. 实验时损毁玻璃器皿,应丢弃于废弃玻璃搜集箱内,不可随意丢入垃圾桶。

14. 实验产生的高浓度酸、碱,含重金属或有机等废液,应分别回收于废液回收桶中等待处理,以免造成环境污染。

15. 注意并熟悉医药箱、灭火器存放位置,并熟知其使用方法。

16. 实验结束后应清洗桌面、实验仪器以及水槽。检查关闭非必要之电源、水源和其他开关,以避免危险发生。

实验一　植物细胞分裂及染色体行为的观察

染色体观察基础知识

生物之所以能表现出复杂的生命活动,主要是生物体内遗传物质表达推动生物体内新陈代谢过程的结果。生命之所以能世代延续,也是遗传物质绵延不断传递给后代的缘故。真核生物的遗传物质在细胞中主要以染色质的形式存在于细胞核内,在细胞分裂期形成染色体。染色体是基因的载体,其形态特征和数目因物种不同而各有差异。同一物种的染色体数目及形态特征是相对稳定的,真核细胞染色体的数目和结构是重要的遗传指标之一。染色体的形态特征在细胞分裂过程中呈周期性变化,要对染色体的形态、结构和数目进行研究,必须熟悉细胞分裂过程以及染色体的行为变化,掌握染色体标本的制作技术。最常见的高等生物细胞分裂包括有丝分裂(mitosis)和减数分裂(meiosis)。

一、细胞的有丝分裂

有丝分裂是多细胞生物体细胞增殖的主要方式。细胞经过有丝分裂,一个细胞分裂为两个子细胞;核内染色体准确地复制、均等地分配到两个子细胞中,子细胞染色体组成与母细胞完全一样。从细胞上一次分裂完成到下一次分裂结束的这段历程称为一个细胞周期(cell cycle),一个细胞周期包含一个分裂间期和一个分裂期。

(一)分裂间期(interphase)

一次细胞分裂结束到下一次细胞分裂开始之前的一段时期。此时在光学显微镜下看不到染色体,只能看到均匀一致的细胞核及染色较深的染色质。实质上间期的细胞核处于高度活跃的生理生化代谢阶段,是在为细胞继续分裂准备条件。

(二)分裂期

有丝分裂期是一个连续的过程,为了便于研究和描述,通常将有丝分裂期划分为前期、中期、后期和末期。有丝分裂期在整个细胞周期中约占 10%,其余大部分时间都是处于细胞两次连续分裂之间的间期。细胞有丝分裂各时期染色体的行为变化与形态特征简述如下:

1. 前期(prophase)

核内染色质开始逐渐螺旋化,浓缩为细长而卷曲的染色体,并逐渐缩短变粗。每条染色体含两条染色单体,拥有一个共同的着丝点。核仁和核膜逐渐模糊,不明显。动物细胞的中心体一分为二,并向细胞两极移动,周围出现星射线,形成纺锤丝;高等植物直接从细胞两极放出纺锤丝。这个时期又可细分为三个时期:

(1)早前期:染色体细而长,染色质螺旋卷曲,形成大小不同、着色较深的染色粒,一般制片染色线不可见,镜检时仅见核内充满大小不一、深浅不同的染色粒。核仁染色较深,仔细观察便可见到。

(2)中前期:染色体继续收缩,染色线周围基质不断增加,染色加深,染色体呈连续的线状。此时染色体仍扭曲较长,并相互缠绕,犹似一团搅乱的粗麻线。这时仍可见核膜、核仁,但在普通生物显微镜下核膜一般不易见到,核仁隐约可见。

(3)晚前期:染色体进一步螺旋化,缩短变粗,明显可见每一染色体含有两个染色单体,染色体趋向中央赤道板,但仍然相互缠绕,核膜、核仁逐渐消失。

2. 中期(metaphase)

染色体高度螺旋化,核仁、核膜均已消失,纺锤丝与染色体的着丝点相连形成纺锤体(因纺锤丝不着色,在光学显微镜下不可见,但有时会因纺锤丝影响细胞质着色微粒的排列而隐约见到纺锤丝分布位置)。由同一着丝点相连的两个姊妹染色单体非常清晰,具有典型、稳定的形态特征。着丝点位置清晰(在染色体某个地方出现的不着色透明点即着丝点,它将染色体分成两段),且排列在赤道面上,染色体臂自由伸展,分布于赤道面两侧。中期侧面观染色体排列图像形似轮辐条状;极面观犹似某种菊花状。此期是采用适当制片技术进行染色体形态和数目鉴别的最佳时期之一。

3. 后期(anaphase)

染色体着丝点纵裂为二,姊妹染色单体在纺锤丝牵引下互相分开,各成为一条独立染色体并移向细胞两极;每极有一组染色体,其数目和母细胞染色体数目相同。

4. 末期（telophase）

分开后的两组染色体到达细胞的两极，纺锤体解体，染色体解螺旋化，逐渐变得松散细长，核仁、核膜重新出现。植物细胞赤道板处形成膜体，并形成细胞板，将细胞一分为二；动物细胞则通过细胞质缢缩，细胞膜在赤道板处向内凹陷，形成两个子细胞。细胞质随着细胞核和子细胞形成相继随机分配到两个子细胞中。

高等植物有丝分裂主要发生在根尖、茎尖生长点及幼叶等部位的分生组织，植物染色体标本可利用这些组织经过一定预处理压片而得。由于根尖取材容易，操作和鉴定方便，所以一般采用根尖作为观察植物有丝分裂的材料。

二、细胞的减数分裂

减数分裂是一种特殊方式的有丝分裂，发生在配子形成过程中。减数分裂过程的特点是：染色体复制一次而细胞连续分裂两次，形成四个子细胞，每个子细胞所含染色体数目只有母细胞染色体数目的一半。除此之外，还有一个特点是前期特别长，且染色体行为变化复杂，包括同源染色体配对、同源染色体非姊妹染色单体的交换、联会复合体的解体与分离等。

减数分裂过程中染色体的形态、结构也呈周期性变化，且在特定时期呈现稳定的形态特征，因而也是进行染色体形态、结构与数目鉴定的有利时期。同时，由于减数分裂过程中染色体出现同源配对、非姊妹染色单体间片段交换、同源染色体相互分离等一系列独特行为，对遗传物质的分配和重组产生了重大影响。

因此，观察减数分裂过程对认识染色体形态、结构、数目的动态变化，鉴定染色体结构、数目变异以及分析染色体（组）间亲缘关系等都有重要作用。熟悉减数分裂过程，掌握减数分裂染色体制片方法，也是从事遗传研究与育种工作的基本技能之一。

现将减数分裂各时期染色体的行为变化、形态特征简述如下。

（一）减数第一次分裂

1. 前期Ⅰ（prophaseⅠ）

此期又可分为五个时期：

（1）细线期（leptonema）：核内染色质螺旋化呈长线状，互相缠绕，形似线团，难以辨别成对的染色体。

（2）偶线期（zygonema）：染色体进一步螺旋化，缩短变粗，同源染色体相互纵向靠拢配对，称为联会。联会的一对同源染色体称为二价体。由于每条染色体各含两个姊妹染色单体,故又称之为四合体。

(3)粗线期(pachynema):二价体继续缩短变粗,形成紧密相连的联会复合体。此时同源染色体的非姊妹染色单体间可能发生片段交换。

(4)双线期(diplonema):同源染色体相互排斥,联会复合体开始松散。若粗线期同源染色体的非姊妹染色单体间发生了交换,同源染色体在一定区段内会出现交叉结,可清楚地观察到同源染色体交叉的现象。

(5)终变期(diakinesis):染色体更加浓缩粗短,交叉结移向二价体的两极,核仁、核膜逐渐解体。此时二价体分散于核内,是染色体计数的好时期。

2. 中期Ⅰ(metaphaseⅠ)

核仁、核膜解体,所有二价体排列在赤道面上,纺锤丝与着丝点相连,形成纺锤体。在纺锤丝的牵引下,四合体的一对着丝点整齐排列在赤道板的两侧。此时每对二价体在赤道板两侧的定位取向是随机的。中期Ⅰ也是鉴定染色体数目和形态特征的最佳时期。

3. 后期Ⅰ(anaphaseⅠ)

同源染色体开始分开,在纺锤丝收缩力的作用下分别向细胞两极移动,完成染色体数目减半的过程。注意,此时染色体的着丝点尚未分裂,每条染色体仍由两条姊妹染色单体构成。

4. 末期Ⅰ(telophaseⅠ)

染色体移到细胞两极,松开变细,核仁、核膜重新出现,形成两个子核;细胞质随机分裂,在赤道面上形成细胞板,成为二分体。

(二)减数第二次分裂

减数第一次分裂完成后有一短暂的间期,二分体中的核仁、核膜完全形成,但染色体螺旋并不完全解开,紧接着进入减数第二次分裂。

1. 前期Ⅱ(prophaseⅡ)

染色体又开始缩短变粗,两姊妹染色单体互相排斥分开,着丝点处仍相连形成剪刀状。

2. 中期Ⅱ(metaphaseⅡ)

染色体显著缩短变粗,着丝点排列在两子细胞的赤道面上,且与纺锤丝相连,形成纺锤体。

3. 后期Ⅱ(anaphaseⅡ)

染色体的着丝点纵裂为二,姊妹染色单体分开成为独立的染色体,在纺锤丝牵引下分别移向两极。

4. 末期Ⅱ（telophase Ⅱ）

分向两极的染色体聚合，解螺旋形成新核，核仁、核膜重新形成，细胞质也分隔为二，从而使一个母细胞分裂为四个子细胞，称为四分体。每个子细胞内所含的染色体数只有原母细胞（$2n$）的一半（n）。高等动植物的性母细胞（$2n$）在形成雌雄配子（n）时必须经过减数分裂。在观察减数分裂过程时，无论动物或植物均以雄性较为方便。在适当的时机采集植物花蕾（花序）或动物精巢，经适当技术处理后制片，就可以在显微镜下观察到细胞的减数分裂过程。

三、植物染色体标本的制备方法

优良的染色体制片是其他技术（如显带、原位杂交等）的先决条件，制备染色体标本无疑是遗传学研究最基本的技术。制备染色体的标本原则上可以从所有发生有丝分裂的组织和细胞悬液中得到。熟悉细胞有丝分裂全过程，掌握有丝分裂细胞染色体标本制作方法，是从事遗传研究的基本技能之一。制备染色体标本的方法主要有压片法和空气干燥法两种。

（一）压片法

压片法是指将处于有丝分裂状态的组织或细胞（如植物根尖、茎生长点及幼叶的分生组织）经预处理、固定、解离（酶解或酸解）后，用人工（外加的机械压力）使染色体分散在载玻片上的一种染色体制片技术。此法操作快速、简便，节省材料，植物染色体标本的制作常用此方法。

（二）空气干燥法

空气干燥法简称气干法，是将细胞经过秋水仙素处理、低渗处理、充分固定、滴片（又叫染色体分散）等步骤之后，在载玻片上得到染色体标本的制片技术。该方法操作稍繁，但染色体易于展开而不易导致染色体变形。动物染色体标本的制作常用此法。对含较多成熟组织的材料（如芽、幼叶等）或细胞含染色体数目多而小（如多种果树）的植物，可将材料经预处理、前低渗、酶解离、后低渗等处理后制备细胞悬液，再行固定、滴片、空气（或火焰）干燥、Giemsa 染色制成染色体片，其制片效果明显优于压片法。

四、染色体的核型分析方法

对染色体的数目、大小、形态特征等进行综合分析的方法称为核型分析方法。核型又称染色体组型，是指一个个体或一组相关个体的特有染色体组，通常以有丝分裂中期染色体的数目和形态来表示。根据染色体的结构,按照长度、着丝点的位置及其他特征排列而成的图形称为核型图。核型分析的内容包括染色体总数、染色体组数(x)、每一条染色体的形态结构、异染色质和 DNA 的含量、核型对称程度等。染色体的形态、结构用染色体长度(绝对长度和相对长度)、臂指数或着丝粒指数等指标来描述。不同物种、不同品种,甚至同种生物不同个体的核型均有差异。

染色体(臂)绝对长度(μm)=放大的染色体(臂)长度(mm)/[放大倍数×1 000]

植物:相对长度(%)=(某染色体长度/单套染色体组全长)×100

动物:相对长度(%)=[某染色体长度/(单套常染色体+X 染色体)的总长]×100

臂比=长臂长度/短臂长度

长度比=最长染色体/最短染色体

着丝粒指数=(短臂长度/染色体全长)×100

表 1—1　着丝粒位置的确定(Levan 1964 年的标准)

臂　比	着丝粒指数	着丝粒位置	简写
1.0	50.0	正中部着丝粒	M
1.0~1.7	50.0~37.5	中部着丝粒	m
1.7~3.0	37.5~25.0	亚中部着丝粒	sm
3.0~7.0	25.0~12.5	亚端部着丝粒	st
大于 7.0	12.5~0.00	端部着丝粒	t
∞	0	正端部着丝粒	T

核型分析能明确识别各个染色体的特征,有助于基因定位,是细胞遗传学的一项基本技术,也是染色体工程、细胞分类学和进化理论的重要研究手段。不同物种的核型分析参照的标准存在差异,动物核型分析参照人类核型分析的标准进行,植物核型分析有植物核型分析的标准。

(一)人类核型分析标准

人类细胞的正常核型是含有 $2n=2x=46$ 条染色体,相互配对构成 23 对,其中有 22 对常染色体和 1 对性染色体,男性为 46,XY;女性为 46,XX。

根据丹佛(1960)、伦敦(1963)、芝加哥(1966)会议提出的标准,即按照染色体的长度依次减少和着丝点的位置及其他特征,可把人类体细胞中的 23 对染色体分为七群。

A 群:包括第 1、第 2、第 3 三对染色体,体积大,具中央着丝粒,易区别。第 2 对染色体的着丝粒略偏离中央。

B 群:包括第 4、第 5 两对染色体,体积大,具亚中部着丝粒,彼此不易区分。

C 群:包括第 6~第 12 对常染色体和 X 染色体,中等大小,具亚中部着丝粒,彼此间难以区分。第 6 对染色体的着丝粒靠近中央,X 染色体大小介于第 6 与第 7 对之间,第 9 对染色体长臂上有次缢痕,第 11 对染色体的短臂较长,第 12 对染色体的短臂较短。

D 群:包括第 13、第 14、第 15 三对染色体。中等大小,具近端着丝粒,有随体,彼此间不易区分。

E 群:包括第 16、第 17、第 18 三对染色体。中等大小,第 16 对有中央着丝粒,长臂上有次缢痕,易于区别。

第 17 和第 18 对有亚中部着丝粒,难于区分,后者短臂较短。

F 群:包括第 19、第 20 两对染色体。体积小,具中部着丝粒,彼此间难以区分。

G 群:包括第 21、第 22 两对常染色体和 Y 染色体。常染色体体积小,具近端着丝粒,有随体,长臂常呈分叉状,彼此不易区分。Y 染色体较前两对略大,也是具近端着丝粒,无随体,长臂常彼此平行,根据这些特点可加以识别。

(二)植物核型分析的基本原则

高等植物属异源多倍体的种类较多,进行核型分析时不能完全按染色体大小进行排列,应先根据系统发育的来源进行分组,然后再在各组内按染色体大小、着丝点位置、随体的有无等特点排列组型。如人工培育的小黑麦,其染色体组来自普通小麦(AABBDD)和黑麦(RR),核型分析时不仅要把 RR 染色体组分开,也要把 AA、BB、DD 染色体组分开,再在各染色体组内进行分析。常见的植物如棉花、烟草、马铃薯以及许多果树、蔬菜、花卉等均属于异源多倍体种类植物,核型分析时应特别注意。

第一部分 植物细胞有丝分裂过程和染色体行为的观察

一、实验目的

1. 学习并掌握根尖材料处理、染色、压片及制片观察的方法。

2. 观察有丝分裂各时期染色体的形态变化,了解有丝分裂全过程。

二、实验原理

熟悉有丝分裂过程,掌握有丝分裂染色体制片方法与技术是研究染色体形态结构、鉴定染色体数目、进行核型分析与带型分析的基础。

高等植物有丝分裂主要发生在根尖、茎尖生长点及幼叶等器官的分生组织(分生区),这些分生组织均可以用作制片材料;另外,愈伤组织、悬浮培养物等分生组织也可用作制片材料。其中根尖是最常用的材料,原因有以下几个方面:①根尖取材容易,操作和鉴定也比其他器官与组织方便;②实验室内采用种子萌发后所长出的新鲜幼嫩根尖,不受植物生长季节的影响和限制,并且可以大量获得;③对于某些珍贵而又稀少的实验材料,取用自然条件下生长植株的根尖,比取用茎尖、花器等对材料的伤害要小得多;④采用实验室内的种子发根,切取根尖后的种苗通常还可以进行正常种植,利于后续研究进行。对于特别珍稀的材料,如转基因植株花药或花粉培养诱导出的花粉植株、孤雌生殖植株,以及通过克服远缘杂交的不亲和性和远缘杂种的不育性所获得的宝贵材料,没有种子或种子数目非常稀少,有时剪取幼根也会影响植株的生活力。另外,有些植物根尖小、取材不方便或根尖压片较难(如高粱),这些情况下采用叶片压片法对材料的伤害是最小的,取材也非常方便,而且可以免去实验室发根工作。

有丝分裂期在整个细胞周期中所占的时间相对较短,有丝分裂制片的主要目的是进行染色体鉴定,希望观察到更多分裂相,尤其是分裂中期相,通常要对材料进行不同的预处理。预处理主要通过抑制和破坏纺锤丝的形成来获得更多的中期分裂相;同时,预处理还可改变细胞质的黏度,促使染色体缩短和分散,便于压片和观察。常用的预处理方法有物理法、化学法、混合处理法等。

植物细胞的细胞壁对细胞形态和结构起支撑和保护作用,分生组织的细胞壁结构将分生细胞结合成一个整体,因此在压片之前需要采用适当方法软化或部分分解细胞壁,使细胞间易于分离,这一操作称为解离。同时,解离也可适当清除部分细胞质,使细胞质背景趋于透明化,便于观察染色体。常用的解离方法主要有酸解法和酶解法。

酸解法操作简便、容易掌握。根尖分生组织经过酸解和压片后,都呈单细胞形态,但大部分分裂细胞的染色体还包在细胞壁中间。酸解法广泛用于染色体计数、核型分析和染色体畸变的观察及相关分析。酶解法常用于染色体显带技术或姊妹染色单体交换研究。通过解离和压片,分生细胞的原生质体能够从细胞壁里压出,使染色体周围不带有细胞质或仅有少量细胞质,让后续制片处理直接作用于染色体。果树染色体的制备常用酶解法。

在普通光学显微镜下观察染色体形态结构还需要对材料进行染色,通常采用染色体染色效果好而细胞质着色少的碱性染料、酸性染料或孚尔根试剂染色。

三、实验材料

蚕豆($Vicia\ faba$,$2n=2x=12$)、黑麦($Secale\ cereale$,$2n=2x=14$)、大麦($Hordeum\ sativum$,$2n=2x=14$)、普通小麦($Triticum\ aestivum$,$2n=6x=42$)、玉米($Zea\ mays$,$2n=2x=20$)、豌豆($Pisum\ sativum$,$2n=2x=14$)、洋葱($Aillum\ cepa$,$2n=16$)等的根尖或幼叶。

四、实验器具与药品

显微镜、恒温箱、水浴锅、计时器、培养皿、酒精灯、小烧杯、试管、载玻片、盖玻片、镊子、剪刀、刀片、解剖针、吸水纸、纱布、标签、铅笔、橡皮等常用工具。

醋酸洋红、醋酸地衣红、铁矾苏木精、改良苯酚品红等染液,0.1%秋水仙碱、0.002～0.004 mol/L 8-羟基喹啉、饱和对二氯苯溶液或饱和 α-溴萘、卡诺氏固定液、FAA 固定液、冰乙酸、甲醇、无水乙醇、95%乙醇、0.1%升汞、1 mol/L 盐酸、1%果胶酶与纤维素酶混合液等。

五、实验步骤

1.发根

将蚕豆、玉米、黑麦等植物种子用 0.1%升汞溶液消毒 10 min,经流水冲洗,温水浸种,浸泡 1～2 d 后,置 25 ℃ 恒温箱中发根。待主根长到 2 cm 左右时剪去主根(须根系植物的种子发出的主根无须剪掉),让其充分长出侧根。待侧根长到 1 ～2 cm 时,于适宜时间用蒸馏水洗净,将水吸干,剪取根尖 0.5 ～1 cm 进行预处理。若以洋葱为材料,则将洋葱磷茎置于盛水的烧杯口上,使洋葱鳞茎与水相接,在 25 ℃下发根。为获得尽可能多的分裂相,蚕豆根尖以上午 9:00～10:00 时剪取为宜,洋葱根尖以中午 12:30～13:30 切取为宜。

2.预处理

(1)0.1%秋水仙碱,或饱和对二氯苯水溶液,或 0.002 mol/L 8-羟基喹啉处理:将剪下的根尖立即放入 0.1% 秋水仙碱,或饱和对二氯苯水溶液,或 0.002 mol/L 8-羟基喹啉中,以药液浸没根尖为度,处理 3～4 h。目的是抑制和破坏纺锤丝的形成,使根尖细胞延迟其染色体的分离,增加中期分裂相,并使染色体分散于细胞中,以便观察计数。

（2）冷处理：将根尖放入盛有蒸馏水的指形管中，置 0～4 ℃的冰箱（或冰水）中处理 24～40 h，染色体数较多的实验材料可适当延长处理时间，但须注意勿使材料结冰。此法简便、安全，效果也好，而且经冰水混合物处理后细胞破裂程度较小，染色体不致丢失；其染色体的收缩程度较小，常用于显带技术，有利于得到更细致丰富的染色体带型。

（3）混合药剂处理：在某些情况下，采用混合药剂处理可取得更好的效果。如 100 mL 对二氯苯饱和水溶液加 1～2 滴，α-溴萘饱和液处理 3～4 h；0.2％秋水仙碱溶液加1滴，α-溴代萘饱和水溶液处理 1～2 h 等。应该注意，采用药剂处理时温度不能过高，以 10～15 ℃为宜。

3. 固定

材料经预处理后，用流水冲洗，然后投入卡诺液Ⅰ（3 份甲醇：1 份冰乙酸，现配现用）中固定 20～24 h，用 95％的乙醇洗两次，转入 70％乙醇中保存备用。固定的目的是将材料迅速杀死，并使染色体形态、结构尽可能保持不变和便于染色。

4. 解离

常用酸解法：从 70％乙醇中取出固定好的根尖，流水冲洗 3 min，吸水纸吸干，放入小试管中，加适量 1 mol/L HCl 于 60±0.5 ℃水浴解离 10～15 min（蚕豆根尖 10 min，玉米、黑麦、洋葱 15 min）。对于玉米、黑麦和洋葱等，有时酸解后还可在 25 ℃下酶解 20 min。

5. 染色

针对不同材料或希望获得不同的效果，可选择适当的染液和染色方法。用于常规染色体形态结构鉴定的染色方法很多，常用的有如下几种：

（1）改良苯酚品红染色：若只作临时镜检观察，对解离后材料水洗并吸干，挑取根尖乳白色分生组织于载玻片上夹碎捣烂，滴加 1～2 滴染液，染色 10～15 min，压片。

（2）孚尔根反应染色：将解离的材料洗净或直接转入希夫试剂于室温（最好在 10 ℃左右）进行孚尔根染色反应 1～5 h 或过夜，然后在漂洗液中漂洗 3 次，每次 5～10 min，再经流水冲洗 5～10 min，保存于 45％ 乙酸中供压片。若材料染色不足，也可再用 1％醋酸洋红复染压片。孚尔根反应是鉴别细胞中 DNA 的一种组织化学方法，它仅对核及染色体中的 DNA 显色，颜色比较均匀一致且清晰，细胞软化较好。染色后染色体一般比较柔软，压片时较长的染色体容易相互纠缠而不便于分散。试验表明，蚕豆、小麦、黑麦、洋葱、葱、蒜、百合等均适合于孚尔根染色。

（3）1％醋酸洋红染色：若只作临时镜检观察，将解离水洗后的材料吸干，挑取根尖乳白色分生组织于载玻片上夹碎捣烂,滴加 1～2 滴染液,染色 10～20 min,压片。

(4)醋酸地衣红染色:将材料放置在盛有染液的试管中,用酒精灯加热 3～5 秒,反复 2～3 次,静置 10～30 min 或更长时间,取出材料用染液压片。可在压片后稍加热以加深染色。

注:由于醋酸地衣红易溶于乙醇,因此用 70%乙醇保存的材料取出后应当充分洗净后浸入 45%乙酸中再进行染色。

(5)铁矾苏木精染色:经 HCl 解离后的材料用流水彻底冲洗后,转入新鲜配制的 4%铁矾溶液媒染 2～4 h(如加温至 30～40 ℃媒染,则可缩短至 1 h 左右),再用水冲洗 20～25 min,务必将残留的铁矾洗净。

媒染后材料转入 0.5%苏木精中染色 2～4 h 或更长时间(如加入苏木精后,染液很快混浊、发黑,则表示铁矾未洗净,需重新冲洗,再行染色),染色后用水冲洗 5～10 min,置 45%乙酸内分色、软化 10～20 min(可再经 1%氨水处理 1 min,使材料充分软化),压片(若染色后暂时不压片,可将材料转入 70%乙醇或蒸馏水保存于 4 ℃冰箱中)。

注:经染色后,除染色体能染上极深的蓝色外,细胞壁及细胞质也都能不同程度地着色。同时由于染色体吸附有媒染剂的金属离子,易变坚硬,压片后易分散,因此必须用 45%乙酸处理,以使染色体呈深蓝色,而细胞质褪淡,染色体软化。此法对各种植物的染色体均可染上较深的颜色,反差大、分色清晰,利于摄影和制片标本长期保存,为其他染色方法所不及。

6. 压片

在经染色的材料上加一滴染液,盖上盖玻片,覆一层吸水纸,用带橡皮头的铅笔垂直敲打,或以拇指垂直紧压盖片(注意勿使盖片搓动),使材料分散压平,便于观察。

7. 镜检

通常染色清晰而又分散得很好的分裂相只是少数,因此压片后要认真仔细地进行镜检。先在低倍镜下寻找有分裂相的视野,再用高倍镜或油镜仔细观察、记数或拍照;调节可变光栏与反光镜,使光线明暗合适,视场亮度适中。注意观察有丝分裂全过程的染色体形态变化,找出染色体分散较好的中期细胞进行染色体计数,将好的分裂图像做上标记,以便再观察。

8. 临时封片保存

制片短时间保存要防止玻片间的溶液干涸,空气进入,无法观察。临时制片保存可在盖片周围滴上 45%乙酸或染液,放入有湿滤纸的培养皿内,加盖后可保存数小时到一天。如制片标本符合要求,而又只需要短期(一般在一周以内)

保存,可采用石蜡临时封片;用烧红的解剖针挑取少量石蜡(或石蜡与凡士林等体积混合物)沿盖片周围封闭。制作完成的制片标本要贴上标签,注明材料名称、可观察到的有丝分裂典型时期、制片时间、制作者等信息。

六、注意事项

本实验中使用的预处理化学试剂具有强烈的致癌作用,在使用过程中应严格按实验室安全守则进行操作,废液应经专门回收处理以免造成环境污染。

七、作业

1. 制作细胞有丝分裂前、中、后、末各期的制片一张,中期应能数清染色体数。贴上标签,注明材料名称、染色方法、制片日期和制作者姓名。

2. 绘制观察到的有丝分裂典型时期的染色体图像,并简要说明各时期染色体的行为变化和特征。

第二部分　　植物细胞减数分裂过程和染色体行为的观察
（花粉母细胞临时涂抹制片）

一、实验目的

1. 学习和掌握植物细胞减数分裂染色体标本的制片技术和方法。

2. 通过观察进一步熟悉减数分裂的全过程及各个时期染色体的动态变化和形态特征。

二、实验原理

减数分裂是发生在配子形成过程中的一种特殊形式的有丝分裂,分裂过程中染色体结构也呈周期性变化,并在特定时期呈现稳定的形态特征,因而也是进行染色体形态、结构与数目鉴定的有利时期。减数分裂包含两次连续的有丝分裂——减数第一次分裂和减数第二次分裂;每次分裂都可分为紧密衔接的前、中、后、末四个时期,以前期Ⅰ变化最为复杂。前期Ⅰ又可分为细线期、偶线期、粗线期、双线期和终变期。通过减数分裂所形成的四分体细胞(或雌、雄配子),其染色体数目只有体细胞的一半。减数分裂过程中出现同源染色体配对、非姐妹染色单体间片段交换、同源染色体相互分离等一系列独特行为,为远缘杂种的分析及三大遗传定律的论证等遗传研究提供了直接或间接的证据。减数分裂细胞染色体制片取材以高等动植物雄性生殖细胞较为方便,在适当的时机采集动物精巢或植物花蕾(花序),经适当技术处理,压片就可在显微镜下观察到细胞的减数分裂过程。

三、实验材料

玉米($Zea\ mays$,$2n=2x=20$)、普通小麦($Triticum\ aestivum$,$2n=6x=42$)、大葱($Allium\ fistolosum$,$2n=2x=16$)的幼嫩(雄)花序;蚕豆($Vicia\ faba$,$2n=2x=12$)、豌豆($Pisum\ sativum$,$2n=2x=14$)、萝卜($Raphanus\ sativus$,$2n=2x=18$)、韭菜($Allium\ tuberosum$,$2n=2x=32$)、柚($Citrus\ grandis$,$2n=2x=18,36$)、梨($Pyrus\ communic$,$2n=2x=34$)、苹果($Pyrus\ malus$,$2n=2x=34$)、茶($Camellia\ sinensis$,$2n=2x=30$)等的幼嫩花蕾(或其固定材料)等。

四、实验器具与药品

显微镜、计时器;染缸、染色板、酒精灯、白绸、镜头纸、培养皿、材料瓶、载玻片、盖玻片、镊子、解剖刀、解剖针、刀片、木夹、吸水纸、标签、铅笔等常用工具。

卡诺氏Ⅰ,甲醇冰乙酸(甲醇:冰乙酸$=3:1$)固定液,FAA固定液;甘油蛋白,1mol/L HCl,45%乙酸;0.5%醋酸洋红或醋酸地衣红,改良苯酚品红,醋酸铁矾苏木精,丙酸水合氯醛铁矾苏木精,丙酸水合氯醛铁矾洋红等染液;无水乙醇,95%乙醇,80%乙醇,70%乙醇;石蜡。

五、实验方法

1.取材

获得处于适当减数分裂期的材料是制片成败的关键因素,而最适宜的时期又因实验主要目的不同而异。

田间取材的主要依据是植物外部形态指标,因此必须掌握各种植物减数分裂不同时期对应的外部形态指标。需要注意的是各种植物具体的外部指标,又依当年的温、水、光、肥等条件及植株的生长状况不同而异。

取材时间也不是固定不变的,主要看植物生长发育的最适温度而定。气温过低会影响减数分裂的正常进行,这时取材细胞常常处于前期、末期等时期,而终变期、后期、中期图像少;温度过高(30℃以上)时植株新陈代谢旺盛,减数分裂周期缩短,核质粘连严重,也不易获得理想的制片和观察效果,所以取材时植物的形态指标和时间必须十分恰当,才能获得理想的减数分裂图像。表1-2为部分植物观察染色体形态与数目的参考取材时间。

表1-2 常用植物花粉母细胞减数分裂制片取材时间

植物	参考取材时间	花器或植株的外部形态指标
豌豆	8:00~10:00	现蕾期,花蕾长 2~3 mm
蚕豆	8:00~10:00	现蕾期,花蕾长 1~2 mm(蚕豆开花的次序是由下而上,由外而内)
小麦	8:00~11:00	孕穗初期,抽穗前 10~15 d,植株开始挑旗,旗叶与下一叶叶枕距为 2~4 cm,幼穗长约 5cm,第 1、第 2 小花花药长 2 mm,呈黄绿色;绿色花药过早,而黄色花药过晚
玉米	7:00~10:00	孕穗期(一般早熟种约 10 片展开叶,中熟种 12~14 片叶,晚熟种 14~16 片叶),手摸植株上部(喇叭口下部)有松软感觉,为即将抽出雄花序。纵向划一切口检查,先端小花苞长 4~6 mm,花药长 2~3 mm,且尚未变黄
水稻	6:30~8:00	剑叶与下一叶叶枕齐平,即叶枕距为 0,早熟种适当提前(叶枕距可为负),晚熟种适当延后(叶枕距应为正)。通常穗长 6~8 cm,颖花长 3 mm 为分裂始期;穗长 14~15 cm,颖花长 4 mm 为分裂盛期;穗长达全长,颖花长 6 mm 时为分裂终期
油菜	9:00~11:00	花蕾长 1~3 mm
洋葱	9:00~12:00	长出花序呈绿色(转黄时已过晚),花蕾长 3~4 mm,花药长约 1 mm
番茄	8:30~9:30	花期较长,现蕾后可取长 3~4 mm 的花蕾
甜橙	8:00~11:00	距盛花期时间 15~20 d,花蕾直径 4~5 mm
红橘	8:00~12:00	距盛花期时间 10 d,花蕾直径 2.5~4 mm
柚	8:00~12:00	距盛花期时间约 15 d,花蕾直径 5~6 mm
梨	9:00~12:00	距盛花期时间约 20 d,花芽磷片明显伸长,基部露出较多的绿色
苹果	7:00~9:00	距盛花期时间 15~18 d,花芽开绽期、莲座叶展开 1~2 片
桃	6:00~8:00	距盛花期时间 45~48 d,花芽磷片略有松动,植株仍是休眠状
橘	8:00~12:00	吐蕾期,花蕾长 3~9 mm
茶	6:30~9:00	6~7 月下旬,花蕾直径 4~5 mm

2. 固定

最常用的固定液是卡诺氏Ⅰ液和Ⅱ液。将取得的幼嫩花序或花蕾立即投入固定液中，处理 12～24 h。对于果树和茶的花蕾，用 95％乙醇：氯仿：饱和氢氧化铁丙酸铵＝6：3：1 固定为好，固定时间柑橘类 48～72 h，其他果树 24 h 为宜。倒去固定液，用梯度乙醇溶液（95％-80％-70％）依次浸泡漂洗 5～30 min，直至去除乙酸味。固定后可置于 70％乙醇中保存，于 4 ℃冰箱内可保存数年。幼小花药或临时检样时亦可不经专门固定处理，直接置于醋酸洋红中可同时达到固定和染色目的；但是先经过固定处理的材料更易于染色、分色和保存。

3. 涂抹

用镊子直接从固定液或保存液中取出材料（花蕾、花序、幼穗等），置吸水纸上除去固定液（保存液）；可用蒸馏水进行冲洗后再吸干，尤其是采用醋酸地衣红染色法时一定要将乙醇洗净。

用镊子、解剖针等工具取出一枚小孢子囊或花药置洁净载玻片上；用洁净的刀片或镊子压在小孢子囊或花药上向一端轻轻抹去，将花粉母细胞压挤出来，注意勿使花药太过破碎；将挤出花粉母细胞（呈半透明胶状）在小范围内涂成薄层。

或将小孢子囊或花药置于载玻片上，再于其上十字交叉方向盖一载玻片，用拇指紧压载玻片将花粉母细胞挤压出来，并进行涂布。

4. 染色

在涂好的载玻片上滴加一滴或半滴染液（视滴管大小而定，由于花粉母细胞在压片过程中特别容易随染液溢出，滴加染液宜少不宜多），稍后用镊子把所有可见花药壁残渣清除干净。如果清除不彻底，压片过程中细胞和染色体不容易分散压平，片面不清洁，影响观察，而且制作永久片时会引起材料的大量脱落。染液一般使用醋酸洋红，有时为了促进染色可将载片在酒精灯上微烤以轻微加热，但不可将染液煮沸。醋酸地衣红、改良苯酚品红也可以达到良好的染色效果。有些植物花粉母细胞不易被醋酸洋红染色，可改用乙酸铁矾苏木精染色程序进行染色，可使各种植物染色体染上较深的颜色，缺点是细胞质也有一定程度着色，不便于分色。丙酸水合氯醛铁矾苏木精、丙酸水合氯醛铁矾洋红也常被采用，并可取得良好效果。

5. 初检与压片

染色后置于低倍显微镜下初步检查，若花粉母细胞正处于分裂期，即可覆盖盖玻片；然后以吸水纸包覆，用拇指垂直紧压，使细胞平整、染色体散开分布于同一平面，便于观察和记数；同时吸水纸可吸去盖玻片周围多余的染液。应注意勿使盖玻片发生搓动，以免破坏细胞与染色体的完整性。

6.镜检观察

在低倍光学显微镜下寻找适当视野,并正确区分处于减数分裂各个时期的花粉母细胞、二分体、四分体以及花粉粒、花药壁残留组织与细胞。一般花粉母细胞大,呈圆形或椭圆形,细胞核大、着色较浅;花药壁组织细胞形状较小,比较整齐一致,着色较深;从四分体脱开后的小孢子或幼小花粉粒则大小中等,略呈扇形;成熟花粉粒形状较大,呈半透明状,并具有明显外壳。

找到正在分裂的花粉母细胞,转换至高倍镜下仔细观察,鉴别各分裂时期,观察减数分裂各时期细胞的特征与染色体的形态结构、数目及行为变化。

7.临时封片保存

同根尖压片临时保存封片处理。

六、作业

1.制作能观察到较多分裂相,且各时期图象清晰的临时制片 1～2 张。

2.绘制你所观察到的减数分裂典型时期细胞、染色体的图像,并简要说明染色体的行为特征。

3.观察分析自己学习制片操作过程中出现的问题及可能原因。

第三部分　植物细胞分裂永久压片制片法

一、实验目的

学习染色体永久制片方法和技术,掌握细胞遗传学研究的基本技能。

二、实验原理

无论是花粉母细胞临时涂抹制片或根尖压片,对某些有价值的涂片或压片,尤其是科研材料,必须制成永久片长期保存供观察研究,以便满足教学及科研工作的需要。

三、实验材料

大麦(*Hordeum sativum*)、小麦(*Triticum aestivum*)、蚕豆(*Vicia faba*)等

作物的根尖、生长锥或幼叶。

四、实验器具与药品

普通生物显微镜、恒温箱、载玻片、盖玻片、解剖针、镊子、小酒杯、小玻璃瓶、卡诺氏固定液、4%铁矾液、4%或0.5%苏木精等染色液、45%醋酸、1 mol/L 盐酸、中性树胶、二甲苯、冰醋酸、无水乙醇、正丁醇。

五、实验步骤

本实验以植物体细胞有丝分裂压片永久制片法为例：

1. 固定

剥取或截取根尖、生长锥、嫩叶等材料投入卡诺氏固定液中,固定 $2\sim24\ h$ 即可取出,用95%酒精、85%酒精、70%酒精依次洗涤,放入70%酒精中保存于冰箱中待用。

2. 解离

解离目的在于使细胞彼此分离以便压片,将根尖放入 $60\ ℃$（恒温）$1\ mol/L$ 盐酸中解离 $10\ min$ 左右,生长锥和嫩叶可略微减少,取出后以流水冲洗干净。

3. 媒染

将材料放入4%铁矾中媒染 $15\sim20\ min$,冬季可略微延长至 $30\ min$。

4. 染色

放在4%苏木精染色液中染色 $20\ min$ 后取出用自来水冲洗分色。

5. 软化

将水洗后的染色材料投进45%醋酸中软化 $10min$ 左右,因铁矾苏木精可使材料变硬发脆,故须软化。

6. 压片

取干净的载玻片,中央滴一小滴 45% 醋酸,用镊子截取根尖（生长锥嫩叶）少许,加上盖玻片,复上滤纸层,以大拇指对准材料部位,稍加力气压按一下即成,也可用铅笔橡皮头隔着滤纸对着材料部位轻击数下即成。注意压片时勿使盖玻片移动。在临压片前软化过的材料,最好再经稀氨水蓝化,染色效果更佳。

7. 镜检

制好的临时压片经镜检良好或有价值的,可挑选出来,作为永久制片。

8. 分离

将制片迅速冰冻,起冰花后即用刀片使盖玻片和载玻片分开,无冰冻设备的可使用脱盖玻片液分离盖玻片。

9. 脱水透明

将分离好的盖玻片和载玻片迅速投入到 1/2 冰醋酸＋1/2 正丁醇→正丁醇→正丁醇→二甲苯中各 5～10 min。

注意:(1)材料面向上;(2)每次换液时动作要轻快,勿使材料漂掉。无正丁醇亦可用 95% 酒精＋1/2 冰醋酸→无水酒精→无水酒精各 1～2 min,最后放入二甲苯。注意事项同上。

10. 封片

最后将制片从二甲苯中轻轻取出,迅速用滤纸吸去材料周围的药液,滴加树胶封片。封片动作要迅速,不要对准材料呼气,尤其是冬天,最好戴口罩操作。

11. 干燥

自然干燥或烘箱干燥(60 ℃,鼓风 2 h),红外灯下干燥亦可。

六、作业

1. 每人任意选择材料制作永久片 2～3 张,放入 60 ℃ 烘箱内干燥,一周后镜检制片的质量。

2. 写出制作永久片的初步体会;如果制片失败,分析失败原因。

第四部分　核型分析

一、实验目的

1. 学习和掌握核型分析的方法。

2. 进一步了解染色体形态特征、在细胞分裂中的联会现象以及染色体组、核型及染色体数目、结构变异与生物进化的关系。

二、实验原理

核型分析能明确识别各个染色体的特征,通过核型分析可以了解不同物种、同一物种不同亚种或家畜不同品种甚至同一品种不同个体之间染色体结构的差异,有助于基因定位及其他遗传分析。

三、实验材料

动植物有丝分裂中期染色体相片。

四、实验器具与药品

不锈钢尺、小剪刀、小镊子、绘图纸、粘剂、坐标纸等。

五、实验步骤

1.准备染色体标本的相片

将制作的细胞轮廓清楚、染色体集中而不重叠、主次缢痕和随体清晰、染色体长度适中而不弯曲的染色体标本,通过显微摄影(或描绘)、冲洗、放大成染色体相片。

2.染色体测量

先目测相片上每条染色体的长度,按长短顺序初步编号,写在每条染色体相片背面,再用钢尺逐个测量每条染色体长度(长臂长度、短臂长度),根据相片的放大倍数[放大倍数＝某染色体相片上长度(μm)/某染色体实际长度(μm)]换算出各条染色体的实际(绝对)长度、相对长度、臂比及着丝粒位置。有随体的染色体,其随体长度和次缢痕长度可计入全长,也可不计入,但必须加以说明。

将测量和计算的数据分别记录如表1－3。

表1－3　核型分析实测记录表

序号	实测长度(μm)				序号	实测长度(μm)			
	长臂	短臂	全长	臂比		长臂	短臂	全长	臂比
1					7				
2					8				
3					9				
4					10				
5					11				
6					12				

3.排列核型图

按上述标准及计算结果,将照片上的染色体剪贴配对,重新编号。着丝粒排在同一水平线上,短臂在上,长臂在下。排列好后进行分析比较,确定其核型是否正常。若要准确细致分析,则必须进一步运用染色体显带技术。

4.绘制核型模式图

根据前面的计算结果和排列的核型图,用绘图纸和坐标纸(坐标纸放在绘图纸下面)绘制核型模式图。横坐标为染色体序号,纵坐标为染色体(臂)的相对长度,"0"为长、短臂的分界线,长臂在下,短臂在上。

六、作 业

1.制作染色体核型图,并绘制染色体模式图。
2.简要描述实验所测核型的分析结果。

实验二　　孟德尔遗传规律的验证

高等植物细胞进行减数分裂形成配子时,同源染色体上的等位基因随着所在染色体的分离而分离。部分相对性状分别受一对基因、两对独立基因控制或者两对基因互相作用产生相应的表现型,且这些基因之间具有显性和隐性的关系。由于等位基因的分离,研究一对相对性状时,F_1 植株自交后代(F_2)分离比应为 3 : 1,测交后代(F_t)分离比应为 1 : 1。在分离比例指导下,可以根据自交后代的表现,鉴定良种的纯合度。通过自交鉴定的方法选到显性纯合体,通过自交分离的方法得到隐性纯合体。

若具有两对独立基因的杂合体,在减数分裂时等位基因彼此分离,非等位基因自由组合,则杂合体的自交子代(F_2)表现型分离比例为 9 : 3 : 3 : 1,测交子代(F_t)表现型分离比例为 1 : 1 : 1 : 1。在独立分配规律指导下,能够根据后代的表现型判断亲本多对基因的基因型,或根据亲本基因型预测后代的基因型、表现型的分离比例。

在已知亲本基因型的条件下,可用概率推算子代基因型、表现型的种类和比例,同时使用卡方检验实得数据与理论数据是否符合。

第一部分　玉米一对性状的遗传分析

一、实验目的

通过玉米一对相对性状的杂交实验,观察和分析杂种后代的性状表现,加深对分离规律的理解。

二、实验材料

玉米(Zea mays)籽粒胚乳非糯性(Wx)和糯性(wx)杂交 F_1 代的花粉、玉米籽粒淀粉层黄色和白色杂交 F_1 自交果穗,或玉米籽粒糊粉层紫色和无色杂交 F_1 自交果穗。

三、实验用具与药品

普通生物显微镜、$1\% I_2-KI$ 溶液、载玻片、盖玻片、镊子、计算器等。

四、实验说明

玉米籽粒胚乳非糯性和糯性由一对等位基因（Wx 和 wx）控制，且非糯（Wx）对糯（wx）为显性。由非糯和糯亲本杂交的 F_1 植株能形成 Wx 和 wx 两类配子，由于带有 Wx 和 wx 基因的花粉对 I_2-KI 溶液有不同的颜色反应，可通过测定得出 1：1 的比例。同样，玉米籽粒淀粉黄色（Y）和白色（y），糊粉层紫色（现假设为 A）和无色（a）也由一对等位基因所控制，且黄色（Y）对白色（y）、紫色（A）对无色（a）为完全显性，所以从 F_1 自交果穗可得出 3：1 的比例。

为了检验实际值与理论值是否相符，还必须对观察资料进行统计分析，一般用 χ^2（卡方）检验进行，计算公式如下：

$$\chi^2 = \sum_{i=1}^{k} \frac{(O_i - E_i)^2}{E_i}$$

式中 O 表示实际观察值，E 为理论值，∑为和加符号。若求和项数偏少的，比如 2 项求和，由于按此式计算的 χ^2 值有偏大的趋势，需作适当的矫正才能反映 χ^2 的理论分布。以下为矫正公式：

$$\chi_c^2 = \sum_{i=1}^{k} \frac{(\mid O - E_i - \frac{1}{2}\mid)^2}{E}$$

实际计算时可不计算理论值，由上式按所检验的理论比例，由实际观察值可推出由直接观察值计算的算式。如果求和项数大于 2 就不必减，如 3：1 的检验，可由下式计算：

$$\chi_c^2 = \frac{(\mid A - 3a \mid - 2)^2}{3n}$$

式中 A 和 a 分别表示显性组和隐性组的实际观察值，n＝A＋a。再如 1：1 的检验则由下式计算：

$$\chi_c^2 = \frac{(\mid A - a \mid - 1)^2}{n}$$

求得 χ^2 和 χ_c^2 后，根据自由度 k－1（即分离类型数减 1，即求和项数减 1）查 χ^2 值表，即可求得这种 χ^2 的概率（P）。如 P 大于 0.05，则表明观察值与理论值相符，如 P 小于 0.05，则表明观察值与理论值差异显著，而表现不符合理论比例。

五、实验步骤

1. 取糯性与非糯性杂交 F_1 花粉，用 $1\%I_2-KI$ 溶液染色，低倍显微镜下观察，计数蓝黑色（非糯）和红褐色（糯性）花粉粒数目。

2. 取黄色与白色或紫色与无色杂交 F_1 自交果穗一个，目测统计黄粒和白粒或紫粒和无色粒的数目（一个果穗统计完，可交换统计第二个）。

六、作业

将上述各性状统计数据全班汇总填入下表，每人进行 χ^2 测验或仅检验自己的结果是否符合。

项　目　　　　表现型	
观察值 O	
理论值 E	
偏差（O－E）	
偏差平方（O－E）^{2}	
$\dfrac{(O-E)^2}{E}$	
$\chi^2=\sum\dfrac{(O-E)^2}{E}$	$\chi^2_{0.05}(k-1)$

附表 χ^2

自由度	概　率　值（P）												
（k-1）	0.995	0.990	0.975	0.950	0.900	0.750	0.500	0.250	0.100	0.050	0.025	0.010	0.005
1					0.02	0.10	0.45	1.32	2.71	3.84	5.02	6.63	7.83
2	0.01	0.02	0.05	0.10	0.21	0.58	1.39	2.77	4.61	5.99	7.83	9.21	10.60
3	0.07	0.11	0.22	0.35	0.58	1.21	4.11	6.25	7.81	9.35	11.34	12.84	
4	0.21	0.30	0.48	0.71	1.06	1.92	3.36	5.39	7.78	9.49	11.14	13.28	14.86
5	0.41	0.35	0.83	1.15	1.61	2.67	4.35	6.63	9.24	11.07	12.83	15.09	16.75

第二部分　玉米两对性状的遗传分析

一、实验目的

通过玉米两对相对性状的杂交,观察和分析杂种后代的性状表现及分离比例,加深理解独立分配规律。

二、实验材料

玉米(*Zea mays*)籽粒胚乳非甜、黄色与胚乳甜、白色杂交的 F_1 自交果穗,或糊粉层紫色、非甜与白色、甜杂交的 F_1 自交果穗。

三、实验说明

玉米籽粒胚乳分非甜性和甜性、黄色和白色两对相对性状,分别由位于两对非同源染色体上的基因所控制。已知甜粒性状是由隐性基因(su)控制,位于第六条染色体上,而决定色泽的基因(C)位于第九条染色体上,当这些纯合亲本杂交产生的 F_1 植株在形成配子时自由组合,F_2 将出现 9∶3∶3∶1 的分离比例。

统计出实际观察值,也需要进行 χ^2 测验,检验是否与理论比例相符,如同一对相对性状结果的检验一样,可用以下公式:

$$\chi^2 = \sum \frac{(O-E)^2}{E}$$

式中 O 表示实际观察值,E 为理论值,$\sum$ 为和加符号,求得 χ^2 值后,查 χ^2 值表,求得再查找 χ^2 值的概率(P),如 P 大于 0.05,则表明观察结果与理论值相符,如小于 0.05,则表明观察结果与理论值不相符。

四、实验步骤

取一个白色、甜粒×黄色、非甜粒 F_1 自交果穗分别观察统计黄色、非甜粒,黄色、甜粒,白色、非甜粒和白色、甜粒的数目,如取紫色、非甜×白色、甜杂交的 F_1 自交果穗则统计紫色、非甜粒,紫色、甜粒,白色、非甜粒,白色、甜粒数目。

五、作业

1. 将上述统计资料汇总(全班或一人观察的数据)列于下表,进行 χ^2 检测,得出结论。

表现型 项　目			
观察值 O			
理论值 E			
偏差 O－E			
偏差平方(O－E)^2			
$\dfrac{(O-E)^2}{E}$			
$\chi^2 = \sum \dfrac{(O-E)^2}{E}$	$\chi^2_{0.05}$		

2. 试用基因型说明上述杂交的遗传动态。

第三部分　玉米籽粒性状的基因互作

一、实验目的

通过玉米杂交后代果穗籽粒颜色分离的观察,了解基因互作中的几种类型。

二、实验材料

玉米(*Zea mays*)两对基因互作的纯合品系杂交后代的自交果穗。

三、实验说明

按照独立分配规律,两对基因是相互独立的,它们的杂种后代(F_2)分离应表现为 9:3:3:1。然而,两对基因之间有相互作用的不能产生这种比例。

玉米的籽粒颜色是由果皮和胚乳决定的,而胚乳中又由糊粉层和淀粉层决定,已知玉米糊粉层颜色的产生至少有 7 对基本色素基因互作的作用,当有 A、C、R 基因同时存在时,色素才能形成,而色素的类别则由另一对基因 Prpr 决定。显性基因 Pr 存在时表现紫色,隐性基因 pr 存在时表现红色。A、C、R 基因中缺少任何一个时,糊粉层就不表现颜色,而发育成无色籽粒,用亲本 AACC 与 aacc 杂交,由于 A 和 C 之间有互补作用,F_1 籽粒则表现有色(紫色或红色),F_2 产生 9 有色：7 无色的分离比。此种属互补作用类型。

粉糊层颜色基因除了互补之外,也有隐性上位作用。如糊粉层的隐性基因 cc 对产生紫色糊粉层的基因 pr 就具有上位性,用 CCPrPr 与 ccprpr 杂交,F_1 应表现紫色,F_2 分离产生 9 紫色：3 红色：4 白色的比例。

四、实验步骤

1. 观察红果皮、花果皮、白果皮、紫色糊粉层等玉米籽粒性状以及相应组合的 F_1 表现。

2. 取不同类型有色糊粉层与无色糊粉层杂交后的 F_2 果穗进行观察,验证 9：7 的分离比和 13：3 的分离比,取紫色糊粉层与无色糊粉层杂交后的 F_2 果穗观察,验证 9：3：4 的分离比例。

五、作业

1. 将上述统计结果填入下表,并进行 χ^2 测验,得出结论。

组　合		
F_2 表现型		
观察值 O		
理论值 E		
偏差 $O-E$		
偏差平方 $(O-E)^2$		
$\dfrac{(O-E)^2}{E}=$		
$\chi^2 = \dfrac{\sum(O-E)^2}{E}$		

＊进行 9：7 的 χ^2 检验时亦可用矫正公式计算,公式如下：$\chi_c^2 = \dfrac{(|7A-9a|-\frac{8}{7})^2}{63n}$

2. 写出上述组合 F_2 中各表现型和基因型。

实验三　果蝇实验技术

果蝇(*bruit fly*)属昆虫纲(*Insecta*)双翅目(*Diptera*)果蝇属(*Drosophila*)，有九百多个种，通常作遗传学实验材料的是黑腹果蝇(*Drosophila melanogaster*)。黑腹果蝇的生活史短，繁殖快，具有繁殖率高和饲养简便，染色体数目少($2n=8$)，以及性状突变多为形态突变，易于观察等特点，使其成为遗传学研究的良好材料。

果蝇常见于果园和水果摊熟透或腐烂的柔软多肉的水果上。

第一部分　果蝇的形态观察和生活史

一、实验目的

1. 了解果蝇生活史中各个阶段的形态特征，观察果蝇的几种常见突变类型。
2. 掌握鉴别雌雄果蝇的方法。
3. 学会果蝇的饲养管理方法和实验处置技术。

二、实验原理

普通果蝇(*Drosophila melanogaster*)是昆虫纲双翅目果蝇属的一个种，具完全变态。果蝇每 12 d 左右可完成一个世代，生活史较短，生长迅速；繁殖能力强，每只受精的雌蝇可产卵 400～500 个；培养果蝇的材料来源广泛，价格便宜；果蝇的生活要求简单，常温下就可生长繁育，容易饲养；果蝇不同的形态突变类型多达 400 种以上，便于观察分析；染色体数目较少[$2n=2(3+1)=8$]，再加之果蝇唾液腺染色体巨大等特点，因此是遗传学研究中常用的实验材料。

三、实验材料

野生型果蝇(雌、雄)及常见的几种突变型果蝇；雌雄果蝇装片；果蝇卵、蛹装片。

四、实验器具和药品

显微镜、双筒解剖镜、放大镜、小镊子、麻醉瓶、麻醉皿、培养瓶、白磁砖(15 cm×15 cm)、毛笔、酒精、石棉网、黑纸、胶水、牛皮纸。

乙醚、乙醇、琼脂、玉米粉、白糖、酵母、丙酸、香蕉等。

五、实验步骤

1.果蝇生活史的观察

果蝇为完全变态,生活史包括卵、幼虫、蛹、成虫四个时期,各时期持续时间的长短随温度的高低而不同,在20℃条件下从卵到成虫约为8 d,蛹期为6 d左右,整个生活史15 d即可完成;若25℃条件下,从卵到幼虫约5 d,蛹期4.2 d左右,整个生活史约10 d。20~25℃是果蝇生活的适宜温度,温度过高(30℃以上),会引起果蝇不孕或死亡,温度过低(10℃条件下),生活史可长达57 d,又会使果蝇生活力降低。果蝇一般培养在恒温箱内,盛夏时要注意降温。雌性成体一般能生活4周,雄性成体寿命较短,一对亲蝇能产生几百个后代。

表3-1 温度与果蝇的生活周期

温度	10 ℃	15 ℃	20 ℃	25 ℃
卵→幼虫(d)			8	5
幼虫→成虫(d)	57	18	6	4

(1)卵:羽化后的雌蝇一般在12 h后开始交配,交配后两天开始产卵,当卵经过子宫时,精子可由卵前端的锥形突出部的小孔或卵孔进入其中。虽然有很多精子进入卵,但一般情况下只有一个精子与卵发生受精作用,其他多余的精子被雌体贮藏起来(所以杂交实验时必须选取处女蝇),受精卵被排出体外发育或胚胎早期就在子宫内进行。

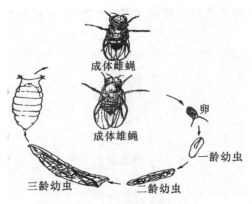

图 3-1 果蝇生活史

用解剖针取少许附有卵的培养基涂于载玻片上,或用解剖针轻压雌果蝇腹部后部把卵挤在载玻片上,用低倍镜观察。果蝇的卵约 0.5 mm 长,椭圆形,腹面稍扁平,在背面的前端伸出一对触丝,作用是使卵附在培养基表面而利于发育。

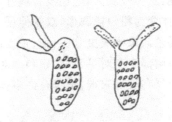

图 3-2 果蝇的卵(左为侧面观 右为背面观)

(2)幼虫:卵孵化成幼虫后要经过两次蜕皮才能从一龄幼虫发育成为三龄幼虫。三龄幼虫体长约 5 mm,头部稍尖,位于头部的口器为肉眼可见一小黑点,口器后面有一对透明的唾液腺,通过体壁可见到一对生殖腺位于身体后半部的上方两侧,精巢较大,为一明显的黑色斑点,卵巢较小。

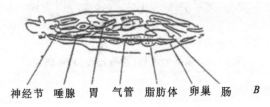

神经节　唾腺　胃　气管　脂肪体　卵巢　肠　　*B*

图 3-3 果蝇三龄幼虫侧面观(雄性)
解剖背面观(*B*)、唾腺等器管的大致位置

(3)蛹:幼虫生活 7~8 d 后准备化蛹。化蛹之前从培养基中爬出,附着在干燥的瓶壁或插在培养基的滤纸上逐渐形成一个梭形的蛹,在蛹前部有两个呼吸

孔,后部有尾芽,起初蛹壳颜色淡黄柔软,经 3～4 d 后变成深褐色,预示要羽化了。

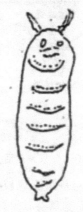

图 3－4　果蝇的蛹

　　(4)成虫:幼虫在蛹壳内完成成虫体型和器官的分化,最后从蛹壳前端爬出。刚从蛹壳里羽化出的果蝇,虫体较长大,翅还没有展开,体表也未完全几丁质化,呈半透明乳白色,不久蝇体变为粗短椭圆形,双翅伸展,体色加深,如野生型果蝇由开始的浅灰色转为灰褐色。果蝇成虫分头、胸、腹三部分。头部有一对大的复眼、三个单眼和一对触角;胸部有三对足、一对翅和一对平衡棒;腹部背面有黑色环纹,腹面有腹片,外生殖器在腹部末端,全身有许多体毛和刚毛。

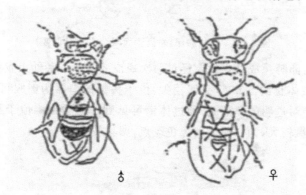

图 3－5　果蝇的成虫(左是雄性,右是雌性)

　　2.果蝇雌雄鉴别

　　利用果蝇做杂交实验时,必须准确地识别性别。雌雄成蝇的区别有许多方法,可用放大镜、显微镜(低倍)、双筒解剖镜或直接从外形上加以辨认。

表 3－2　果蝇雌雄体鉴别标志

		雄 果 蝇（♂）	雌 果 蝇（♀）
幼虫		距尾端 1/3 处有一对发亮之圆球体（睾丸）	无
成虫	（1）尾端椭圆		尾端稍尖
	（2）腹部直筒形		腹部饱满,椭圆形
	（3）腹部有 5 条易见环节（见图 3－6）		腹部有七条易见环节
	（4）腹部背面黑纹三条,尾端一条较宽,腹末呈一明显黑点		腹部背面黑纹五条,较细
	（5）前腿第一节足底最上部、关节前端表面约有 10 个黑色鬃毛流苏——性梳（Sex Combs）（见图 3－7）		无性梳
	（6）体形较小		体形较大

3. 果蝇几种突变类型的观察

果蝇的突变性状一般情况下用肉眼观察或用放大镜在培养瓶外观察或在解剖镜下观察。主要有以下稳定而明显的特征：

表 3－3　果蝇常见突变性状特征

突变性状名称	基因符号	性状特征	所在染色体
白眼	w	复眼白色	X
棒眼	B	复眼横条形	X
檀黑体	E	体呈乌木色,黑亮	ⅢR
黑体	B	体呈深色	ⅡL
黄身	Y	体呈浅橙黄色	X
残翅	Vg	翅退休,部分残留不能飞	ⅡR
焦刚毛	Sn	刚毛卷曲如烧焦状	X
小翅	m	翅较短	X

4. 果蝇的麻醉

对成蝇和果蝇突变性状的观察以及果蝇的杂交实验分析,都必须先将果蝇麻醉使其处于静止状态后方可进行。在一软木塞上钉一图钉,在图钉上缠上脱脂棉,将此软木塞盖在一 200 mL 的广口瓶上,即做成了麻醉瓶。再用一培养皿,在培养皿的底部粘上一条滤纸即做成麻醉用的麻醉皿。麻醉时,首先将培养瓶倒置,让果蝇向瓶底部运动,然后打开麻醉瓶和培养瓶塞,迅速将培养瓶和麻

33

醉瓶口相接(麻醉瓶在下,培养瓶在上),左手紧握两瓶接口稍倾斜,然后轻拍培养瓶瓶壁使果蝇落入麻醉瓶内,迅速盖好两个瓶塞,或者在培养瓶与麻醉瓶对口相接后翻转位置,使培养瓶在下,麻醉瓶在上,用黑纸遮住培养瓶,果蝇因趋光向麻醉瓶运动,达到一定数量后分别盖好两个瓶塞。把乙醚滴在麻醉瓶软木塞的脱脂棉上,盖上塞子,倒置麻醉瓶。一分钟后果蝇即处于昏迷状态,将其倾倒在用酒精擦过的白磁砖上,用毛笔轻轻拨动进行观察。当在白磁砖上的果蝇即将苏醒时,可在麻醉皿的滤纸上滴加乙醚,扣在白瓷砖上进行二次麻醉,麻醉的程度随实验需要而定。麻醉后果蝇翅外展与身体呈 45°角时,表示已麻醉过度,不能复苏。把不需要的果蝇倒入盛有酒精的瓶中。

六、作业

1. 绘制果蝇的生活史图。
2. 绘雌雄果蝇第一对足外形图(示性梳)。
3. 对野生型(＋)、檀黑体(E)、残翅(Vg)、白眼(w)、小翅(m)、焦刚毛(Sn),等突变类型进行观察,将观察结果填入下表:

类型	野生型 (＋)	残翅 (Vg)	檀黑体 (C)	小翅 (m)	白眼 (w)	焦刚毛 (Sn)
体色						
眼色						
翅形						
刚毛形态						

第二部分　果蝇唾液腺染色体观察

一、实验目的

1. 练习剖取果蝇三龄幼虫唾液腺的方法。
2. 掌握制作果蝇唾液腺染色体标本的技术。
3. 观察果蝇唾液腺染色体的形态特征。

二、实验原理

1881 年意大利细胞学家巴尔比尼（Balbiani）在双翅目昆虫摇蚊（Chironmus）幼虫的唾液腺细胞间期核中发现了一种巨大染色体，由于其存在于唾液腺细胞，又称为唾液腺染色体。1933 年美国学者贝恩特（Painter）等又在果蝇和其他双翅目昆虫的幼虫唾液腺细胞间期核中发现了巨大染色体。

果蝇三龄幼虫的唾液腺细胞处于永久早期，染色体解旋呈伸展状态。在幼虫发育过程中细胞核中的 DNA 多次复制，但细胞、细胞核不分裂，复制后的染色单体 DNA 也不分开，这种现象叫作核内有丝分裂，从而形成了多线染色体。加之唾液腺细胞中同源染色体互相靠拢在一起呈现一种联会状态，而使其比一般体细胞中的染色体粗 1 000～2 000 倍，长 100～200 倍。

由于在唾液腺细胞中 8 条染色体之间以着丝粒互相联结在一起形成染色盘或异染中心和同源染色体之间的假联会，经碱性染料染色后，可以观察到一个染色较深的染色盘和以染色盘为中心向外辐射出的 5 条染色体臂。在这些染色体臂上可以看到染色深浅不同，被称作明带、暗带的横纹，这些横纹的位置、宽窄、数目都具有物种的特异性，在不同物种、不同染色体的不同部位形态位置是固定的，因此根据染色体各条臂和各条臂端部的带纹特征能准确识别各条染色体。在染色体臂上还可看到某些带纹通过染色体的解旋、膨大形成的疏松区和巴尔比尼氏环，其富含转录出来的 RNA，因此不着色，是基因活动的区域。在个体发育的不同阶段，疏松区或巴尔比尼氏环在染色体上出现的部位不同，据此可以研究基因的表达，开展各种染色体变异的研究，等等。

三、实验材料

普通果蝇（*Drosophila melanogaster*）的三龄幼虫。

四、实验器具和药品

双筒解剖镜、显微镜、镊子、解剖针、载玻片、盖玻片、滤纸、培养皿、酒精灯。醋酸洋红染液、生理盐水（0.7％NaCl）蒸馏水、固定液（冰醋酸：乙醇＝3：1）、1 mol/L HCl、乙醇（100％、95％）、二甲苯、加拿大树胶。

五、实验步骤

1. 材料准备

发育充足、肥大的三龄幼虫，唾液腺和唾液腺细胞发育良好。利用这样的唾液腺细胞才能制备出理想的染色体玻片标本。因此要求培养基营养丰富，含水量较高，比较松软，发酵良好。

将果蝇放入培养瓶（果蝇不应过多，半磅牛奶瓶10对左右），于15～16 ℃的稍低温度条件下培养，接种12 h后，将成虫移出，控制成虫的排卵持续时间，以免产生过多的卵（要求每 cm² 培养基表面20～40 只幼虫），一龄幼虫出现后，每天在培养基表面滴加2％～4.5％的酵母液（或鲜酵母）。2～3 龄幼虫期应滴加10％左右的酵母液，滴加的量以覆盖在培养基表面薄薄一层为宜。待三龄幼虫大量爬出培养基时，也可将培养瓶移至3～5 ℃中放置12～24 h，进行低温处理，以获得染色体分散良好的制片。

2. 剥离唾液腺

在一干净载玻片上滴一滴生理盐水，选择行动迟缓，肥大，爬在管壁上即将化蛹的三龄幼虫，或者选择经低温处理的果蝇三龄幼虫置于载玻片上。由于果蝇的唾液腺位于幼虫体前 1/4～1/3 处，所以在解剖镜下左手持解剖针按压住幼虫后端 1/3 处固定幼虫，右手持解剖针扎住幼虫头部口器处，适当用力向后拉，把头部与身体拉开，唾液腺腺体随之而出。把载玻片移到显微镜下查找唾液腺。果蝇的唾液腺是位于口器后端神经节两侧的一对透明而微白的类似香蕉形的长形小囊，由单层细胞构成，细胞大，细胞核大，细胞轮廓清晰。用解剖针先将含有腺体的一团组织与其他组织分开，然后再将腺体与脂肪等组织分开。剖离腺体也可在解剖镜下进行。

3. 解离

在载玻片上滴一滴 1 mol/L HCl，让唾液腺在 1 mol/L HCl 中解离 2～3 min，以松软组织，利于染色体分散。

4.染色

解离后的腺体可用水冲洗 2～3 次后滴加醋酸洋红染液染色 15 ～20 分钟(解剖和染色过程中勿使腺体干燥)。在酒精灯上加热以增强染色效果。也可以不经解离而直接染色,或在将幼虫头部与身体拉开后马上加染液染色,然后慢慢剖离腺体。

5.滴片

当腺体被染成红色后,用滤纸擦去染液周围一圈的黑色沉淀物,然后加上盖玻片,在盖玻片上方再覆盖一层滤纸,用镊子在盖玻片上轻轻敲击几下,再用拇指按住盖玻片用力下压,把腺体细胞压破,把染色体压散开。压片时放载玻片的桌面要平,不要使盖片滑动。制好的玻片标本用蜡封住盖玻片四周以防干燥。经低温冷冻处理的材料经解离、染色,加盖片后不必敲击,镜检即可看到分散良好的染色体。

6.观察

将制好的片子先用低倍显微镜观察,找到好的染色体图像于视野中心,再用高倍镜观察之。如果制片理想,可做成永久制片,即先剔除封蜡,将玻片放入固定液(冰醋酸:乙醇=3:1)中待盖片脱落后,再经 70%乙醇 $\xrightarrow{3\sim5\ min}$ 95%乙醇 $\xrightarrow{3\sim5\ min}$ 100%乙醇(1) $\xrightarrow{3\sim5\ min}$ 100%乙醇(2) $\xrightarrow{3\sim5\ min}$ 二甲苯(1) $\xrightarrow{3\sim5\ min}$ 二甲苯(2) $\xrightarrow{3\sim5\ min}$ 加拿大树胶封片等程序。

六、实验结果

一般实验用的普通果蝇(*Drosophila melanogaster* $2n=8$)有四对八条染色体,其中一对为性染色体(XY 或 XX),XX 染色体为端着丝粒染色体,呈杆状,Y 染色体为"J"形;第二、第三对染色体均为中央着丝粒染色体,呈"V"形;第四对染色体短小,为端着丝粒染色体,呈点状,附在染色盘边缘。由于唾液腺染色体的假联会,X 染色体的一端在异染中心上,另一端游离;而第二、第三对染色体着丝粒在中央,可以从异染中心呈"V"字形向外伸展出四条臂(2L、2R、3L、3R);Y 染色体着丝粒附近的异染色质参与了染色中心的形成,所以理想的制片雌雄果蝇的唾液腺细胞在显微镜下均可见五条长臂(X、2L、2R、3L、3R)和一条短臂(第四条染色体臂不易观察)。雄果蝇唾液腺细胞中的 X 染色体臂比雌果蝇的稍细,在染色体臂上可观察到许多明暗相间的带。

七、作业

绘制你所观察到的果蝇唾液腺染色体图,示各臂末端5~10条带纹,并注明是第几条染色体和臂的左右。

第三部分　果蝇杂交实验

一、实验目的

通过实验验证分离定律、自由组合定律和联锁互换规律等遗传学的基本规律,掌握果蝇杂交的实验技术,了解普通果蝇的生活史及一些突变型的表现性状。在实验中熟练运用生物统计的方法对实验数据进行分析。

二、实验原理

普通果蝇的生活史从受精卵开始,经历幼虫、蛹和成虫阶段,是一个完全变态的过程。果蝇中有许多突变类型,据不完全统计,突变性状有400多种,这些突变型大多属于形态突变,如白眼、残翅、黄体等,因此很容易进行观察。果蝇体形小,在培养瓶内易于人工饲养;而其繁殖力很强,在适宜的温度和营养条件下每只受精的雌蝇可产卵400个左右,每2个星期就可完成1个世代,因此在短时间内就可以获得大量的子代。此外,果蝇因具有多线染色体以及生活史不同发育阶段的特点和基因组结构特点,而成为生物学研究中的模式生物,同时在遗传学研究中得到广泛而深入的研究。

三、实验用具及材料

双筒解剖镜、麻醉瓶、毛笔、白瓷板、普通果蝇(野生型)及不同突变型果蝇、乙醚、玉米粉、糖、酵母粉、琼脂等。

四、实验方法及步骤

1.普通果蝇的生活史及形态观察

(参见本实验第一部分内容)

2. 配制培养基

培养果蝇用的容器可以采用较粗的指管或用广口瓶,这些容器均须在实验前进行高温灭菌才能使用。可以按如下成分进行培养基的配制:

玉米粉	28.0 g	糖	22.0 g
琼脂	2.5 g	酵母粉	2.5 g
水	250 ml	丙酸	2.0 ml

将上述成分(除酵母和丙酸)放在一烧杯内混合,在电炉上加热,不断用玻璃棒搅拌以免将玉米粉煮煳。煮沸后将烧杯从电炉上取下,稍放置冷却一会儿,将酵母和丙酸加入,用玻璃棒搅拌均匀后分装到 5 个经高温灭菌的培养瓶内,塞好棉塞备用。注意在分装时不要把培养基倒在瓶壁上。刚配制完的培养基放凉后在瓶壁上会有许多水滴,这时如果把果蝇放进去,水滴可能将果蝇的翅膀粘住,为避免发生此种情况,可将配好的培养基放在温箱内 2～3 d,待水分蒸发后再使用,或用酒精棉将瓶壁上的水分擦掉。

3. 选处女蝇

用于杂交的亲本雌蝇应该是没有交尾过的处女蝇,这样才能保证杂交结果按照实验者所设计的路线进行。那么如何才能得到处女蝇呢?一般来说,刚羽化出来的果蝇在 12 h 之内是不进行交配的,所以在这段时间内选出的雌蝇即为处女蝇。为了保险起见,可以在羽化后的 8 h 内挑选。因此,在杂交实验开始的一段时间内,各实验小组要根据自己的实验设计,精心挑选处女蝇。为了操作方便,可以在每天 22:00－23:00 将培养瓶内的成蝇杀死,次日早晨 8:00－9:00 对新羽化出的果蝇进行挑选。

4. 配制杂交组合

按照所设计的杂交组合,如白眼♀×红眼♂,选出白眼处女雌蝇 2～3 只、红眼雄蝇 5～7 只共同放入一个培养瓶内。在培养瓶上贴好标签,注明杂交内容、日期、实验组号等,然后将培养瓶放入 25 ℃的培养箱内进行培养。如果温度适宜,也可在实验室的窗台上放置培养。

5. 当发现培养瓶内有蛹出现后应及时将亲本杀死以防发生回交

当有 F_1 个体出现后,观察其表型,注意显、隐性关系并计数统计。在一个新的培养瓶内放入 5 对 F_1 配成 $F_1 \times F_1$,此时不需要选处女蝇。当看到培养瓶内有蛹出现时,须将亲本杀死。F_2 果蝇出现后,进行观察统计,观测数目在 200 只以上。按照所配制的杂交组合,提出理论假设并根据实验结果进行 χ^2 检验。

注意:无论是对 F_1 还是 F_2 进行统计,都要及时进行,避免陆续羽化出的果蝇在培养瓶内交尾后将卵产在培养基内。因此要求实验者不断进行观察,只要有新羽化出的果蝇就要及时取出并进行统计和观察。

五、作业及思考题

1. 如何能准确鉴定果蝇的雌雄个体？你的依据是什么？

2. 果蝇的生活史分几个阶段，你所观察到的不同类型的果蝇在整个生活史阶段有什么差异？

3. 配制果蝇培养基时应注意什么问题？

4. 仔细观察杂交过程中果蝇的行为。

5. 记录实验结果，运用统计学方法对实验结果进行分析。你的结果与期望值相符吗？分析实验中出现的问题。

6. 你在实验中有什么新的发现？如何进行解释？

第四部分 果蝇的伴性遗传

一、实验目的

通过性联锁个体正、反交实验结果的分析，认识由性染色体上的基因所控制的性状分离规律，了解伴性遗传在正、反交中的差异。

二、实验材料

果蝇(*Drosophila melanogaster*)红眼和白眼品系。

三、实验用具及药品

放大镜、饲养瓶、麻醉瓶、海绵板、白瓷板、解剖针、镊子、毛笔、死果蝇盛留瓶、乙醚、果蝇培养基等。

四、实验说明

果蝇有四对染色体，第一对为性染色体，其余三对为常染色体。果蝇的性别决定是 XY 为雄，XX 为雌。伴性遗传是指位于性染色体上的基因所控制的性状在后代的表现因性别而转移。果蝇中已知红色眼和白色眼是一对相对性状，由位于 X 染色体上的基因＋/w 决定,而 Y 染色体上没有对应的等位基因,将红眼和白眼果蝇交配,其后代眼色的表现就和性别有一定的关系,并且,正、反交的结果不一样,如正交可图解如下:

P　　红眼　　　×　　　白眼

X^+X^+　　　　↓　　　$\underline{X^w}Y$

F_1　　　红眼(♀♂)

　　($X^+\underline{X^w}$、X^+Y)

　　　　↓兄妹交配

精子　　　　　卵	X^+	Y
X^+	X^+X^+ (红眼♀)	X^+Y (红眼♂)
X^w	X^+X^w (红眼♀)	X^wY (白眼♂)

五、实验步骤

1. 果蝇的麻醉。

2. 选取红眼或白眼处女蝇 5～6 只,选取相对性状的雄果蝇 5～6 只,和雌果蝇一起放入事先盛有饲料的饲养瓶内,分别做正、反交组合各一瓶。

3. 一周后倒去亲本果蝇,待 F_1 羽化后观察统计不同眼色的雌雄果蝇数。

4. 任意取正、反杂交组合的 F_1 雌雄果蝇(雌蝇无须处女蝇)7～8 对放入同一个饲养瓶中。

5. 一周后倒去 F_1,待 F_2 羽化 10 d 后观察统计不同眼色的雌雄果蝇数,亦可每隔 2～3 d 统计一次,共 2～3 次。

6. 将观察结果填入下表。

组合 世代 眼色 个体数 性别	红眼×白眼				白眼×红眼			
	F_1		F_2		F_1		F_2	
	红眼	白眼	红眼	白眼	红眼	白眼	红眼	白眼
♀								
♂								

六、作业

1. 对统计结果做 χ^2 检验,检验是否与理论比值相符。如不符,找出原因。
2. 用图表示反交组合的眼色传递过程,说明伴性遗传与常染色体遗传有什么差别。

第五部分　果蝇三点测验的基因定位方法

一、实验目的

通过果蝇性染色体上已知位点相近的三个隐性基因的个体与其相对的野生型个体的杂交实验,验证联锁和互换规律,掌握利用三点测验法绘制遗传学图的方法,并根据三点测验结果进行基因定位。

二、实验材料

果蝇(*Drosophila melanogaster*)品系,野生型:红眼、长翅、直刚毛,突变型:白眼(*White eye*)、小翅(*Miniature*)、焦刚毛(*Singed*)。

三、实验用具与药品

双筒解剖镜和普通生物显微镜、饲养瓶、麻醉瓶、白瓷板、海绵板、毛笔、解剖针、乙醚、酒精、果蝇培养基等。

四、实验说明

利用位于同一染色体上相近的三个等位基因的个体进行杂交,F₁ 再与三个隐性个体进行测交,从对测交结果的分析来确定基因位置的方法叫作三点测验。因为三个等位基因位于同一染色体上,产生配子时要发生交换和重组,所以,从测交后代中就可直接得出交换重组的配子数,从而计算出重组值(交换值)。果蝇的白眼、小翅、焦刚毛分别由位于 X 染色体上的三个隐性基因 w、m、Sn 决定;决定这些相对性状的基因表现为红眼、长翅、直刚毛。一般认为,雄果蝇的性染色体组成类型为 XY,Y 染色体与 X 染色体是非同源的,没有与 X 染色体对应的等位基因,由于 w、m、Sn 是位于 X 染色体上,所以雄果蝇无交换,表现为完全联锁,而发生交换的只有雌果蝇。实验选用三对基因都表现隐性的雌蝇与野生型雄蝇杂交,再让 F_1 代兄妹交配就可得到测交后代,其过程可图示如下:

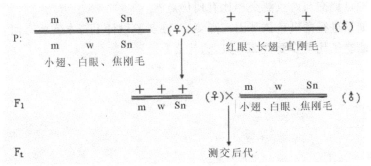

从测交结果中交换类型占总数的比例,计算出单交换值和双交换值,最后确定这些基因在染色体上的相对位置,绘出联锁遗传图。

五、实验步骤

1. 选取所需三对基因都表现隐性的处女蝇和野生型雄蝇 5～6 对,一起放入盛有饲料的瓶中培养。(为什么收集突变型处女蝇?需要做正反交吗?)

2. 杂交:野生型雄蝇和突变型雌果蝇 4～6 对杂交,23 ℃恒温培养。

3. 移走亲本:待 F_1 幼虫出现后(大约一周时间)即可放掉亲本。

4. 待 F_1 羽化后,观察 F_1 的表现,雌蝇应全是野生型,而雄蝇是三隐性类型。

5. 取 F_1 雌、雄蝇 7～8 对(雌蝇无需处女蝇),放入另一新的饲养瓶中。

6. 一周后倒去 F_1,待 F_2 羽化 10 d 后,用肉眼和借助解剖镜进行观察统计各种表现型的个体数,亦可 2～3 d 统计一次,连续 2～3 次。

7. 将结果填入下表。

组别	基因型			表现性	个体数	基因间是否重组		
						m-Sn	w-Sn	m-w
第一组	+	+	+	红眼、长翅、直刚毛				
	w	m	Sn	白眼、小翅、焦刚毛				
第二组	w	+	+	白眼、长翅、直刚毛				
	+	m	Sn	红眼、小翅、焦刚毛				
第三组	+	+	Sn	红眼、长翅、焦刚毛				
	w	m	+	白眼、小翅、直刚毛				
第四组	+	m	+	红眼、小翅、直刚毛				
	w	+	Sn	白眼、长翅、焦刚毛				
				重 组 值				

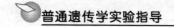

六、作业与思考题

1. 三点测交与两点测交相比有何优点？

5. 如果进行常染色体基因三点测交，在实验设计上与本实验有何差别？

6. 测交子代至少要数 250 只，为什么？

实验四　微核检测技术

一、实验目的

1. 了解微核测试原理和毒理遗传学意义。
2. 学习小鼠骨髓细胞和蚕豆根尖的微核测试技术。

二、实验原理

微核(micronucleus,简称 MCN),也叫卫星核,是真核类生物细胞中的一种异常结构,是在细胞分裂间期中染色体畸变的一种表现形式。微核往往是各种理化因子,如辐射、化学药剂对分裂细胞作用而产生的。在细胞分裂间期,微核呈圆形或椭圆形,游离于主核之外,大小应在主核 1/3 以下。微核的折光率及细胞化学反应性质和主核一样,也具合成 DNA 的能力。一般认为微核是由有丝分裂后期丧失着丝粒的染色体断片产生的。有实验证明,整条染色体或几条染色体也能形成微核。这些断片或染色体在分裂过程中行动滞后,在分裂末期不能进入主核,便形成了主核之外的核块。当子细胞进入下一次分裂间期时,它们便浓缩成主核之外的小核,即形成微核。已经证实,微核率的大小和作用因子的剂量或辐射累积效应呈正相关,这一点与染色体畸变的情况一样,所以许多人认为可用简易的周期微核计数来代替繁杂的中期畸变染色体计数。由于大量新的化合物的合成,原子能的应用,各种各样工业废物的排出等都存在污染环境的可能性,如果要了解这些因素对机体潜在的遗传危害,就需要有一套灵敏度高,技术简单易行的测试系统来监测环境的变化。只有真核类的测试系统能更直接推测诱变物质对人类或其他高等生物的遗传危害,在这方面,微核测试是一种比较理想的方法。目前国内外不少部门已把微核测试用于辐射损伤、辐射防护、化学诱变剂、新药试验、食品添加剂的安全评价,以及染色体遗传疾病和癌症前期诊断等各个方面。

20 世纪 70 年代初,Matter 和 Schmid 首先用啮齿类动物骨髓细胞微核率来测定疑有诱变活力的化合物,建立了微核测定法。此后,微核测定逐渐从动物、人扩展到植物领域。人和动物的微核测试多用骨髓和外周血细胞,这需要一定的培养条件与时间,细胞同步化困难,微核率低,一般只在 0.2% 左右;而植物系统则更直接,更简便。如采用高等植物花粉孢子利用其天然的同步性作微核测试材料,可取得较好效果,其中 20 世纪 70 年代末 Te－Hsiu Ma 用一种原产于美洲的鸭跖草(*Tradescantia paludosa*)建立的四分孢子期微核率计数(MCN－in－tetrad)的测试系统是较好的系统之一。

三、实验内容

(一)小鼠骨髓细胞的微核测试

骨髓细胞微核测定的阳性药物可用环磷酰胺。为加强阳性效果,剂量可适当加大;给药途径视实验要求而定。

1. 实验材料

成年小鼠,雌雄均可。

2. 实验器具和试剂

显微镜、刻度离心管、吸管、载玻片、离心机、注射器、烧杯、解剖器具。

环磷酰胺(1 mg/mL)溶液、生理盐水、灭活小牛血清(或 1% 柠檬酸钠溶液)、甲醇、1/15 mol/L磷酸缓冲液(pH 6.8)、Giemsa 原液。

3. 实验步骤

(1)按 40 μg/g 体重的剂量对小鼠腹腔注射环磷酰胺溶液诱发微核(若进行其他因子测定或自然环境测定,按下列步骤直接操作)。

(2)处理 24～36 h 后,小鼠采用脱颈椎处死,迅速剥取两根股骨,剔净肌肉等软组织,并擦净股骨上的血污。

(3)剪去肌骨两端关节头,用注射器吸收 2～3 mL 预温到 37 ℃ 的生理盐水,然后将针头插入股骨腔,尽量将骨髓细胞冲洗出来,置于 10 mL 试管中把细胞团用吸管吹打散,然后将细胞悬液转入离心管内,弃去残渣。

(4)1 000 r/min 离心 5 min,收集细胞,弃去上清液,尽量不留残液。滴加 2～3 滴灭活小牛血清,将细胞轻轻吸打均匀。

(5)1000 r/min 离心 5 min,收集细胞,弃去上清液,再加 1 滴灭活小牛血清,用吸管轻轻混匀。

以上两步的小牛血清亦可用 1% 柠檬酸钠代替,但两步须在 15 min 内完成。

(6)滴一小滴细胞悬液在清洁的载玻片上,涂成均匀涂片,在空气中干燥。

(7)放入甲醇中固定 10 min,干燥后,用 Giemsa 染液(1 份原液,9 份pH 6.8

磷酸缓冲液)染色 10 min,迅速用缓冲液洗片,让其干燥,即可用于观察。

4. 实验结果

选择细胞密度适中,铺展均匀,染色良好的地方,随机观察计数。骨髓细胞中有核的细胞均可见到微核,但是在只有少量胞浆的有核细胞中,微核细胞常很难与正常核叶及核的突出物相区别;而在无核的嗜多染色细胞的胞浆中,微核易于辨认。因为嗜多染色细胞为骨髓细胞中一类主核刚被排出的年幼红细胞,在它完成最后一次有丝分裂后几小时即将其主核排出,而由染色体断片形成的微核则保留在细胞中,所以一般观察计数嗜多染色红细胞中的微核。

嗜多染色红细胞经 Giemsa 染色呈灰蓝色,成熟红细胞呈桔红色。微核大多数呈圆形或椭圆形,边缘光滑整齐。嗜染性与核质一样,呈紫红色或蓝紫色。每只动物计数 1 000~2 000 个嗜多染色红细胞,观察含有微核的嗜多染色红细胞数,微核率以千分率表示。一个嗜多染色红细胞出现一个以上微核,仍按一个细胞计数。

正常小鼠嗜多染色红细胞微核率为 2.58‰±0.41‰,即正常小鼠嗜多染色红细胞微核率为 5‰以下,意味着 5‰即为异常。统计你所测定的材料的微核率。

(二)蚕豆根尖微核测试技术

1. 实验材料

蚕豆根尖细胞的染色体大,DNA 含量高,是一种对诱变因子反应敏感的品种。蚕豆栽培繁殖时,要注意不要同其他蚕豆品种种在一起,不喷洒农药,以保持该品种较低的本底微核值,也可用其他蚕豆品种,但是必须设置对照组。种子成熟后,晒干藏干燥器内或 4 ℃冰箱内备用。

2. 器具和药品

显微镜、手动计数器、镊子、载玻片、盖玻片、烧杯、瓷盘。

6 mol/L 盐酸、甲醇、冰醋酸、醋酸洋红、CrO_3(三氧化铬)、NaN_3(三氮钠)、DMS(甲基磺酸乙醚)。

3. 实验步骤

(1)浸种催芽:将实验用蚕豆按需要量放入盛有自来水(或蒸馏水)的烧杯中,在 25 ℃下浸泡 24 h,此间至少换水两次,所换水应 25 ℃预温。种子吸胀后,用纱布松散包裹置瓷盘中,保持温度,在 25 ℃温箱中催芽 12~24 h,待初生根长出 2~3 mm 时,再取发芽良好的种子,放入铺满滤纸的瓷盘中,25 ℃继续催芽,经 36~48 h,大部分初生根长至 1~2 cm 左右,根毛发育良好,这时即可用来进行检测了。

(2)用被检测液处理根尖:每次处理选 6~8 粒初生根生长良好,根长一致的种子,放入盛有被测液的培养皿中,被测液浸没根尖即可。阳性因子可采用 CrO_3、NaN_3、DMS,为加强阳性效果可适当加大浓度:$1.0\sim2.5$ mol/L CrO_3、$0.5\sim1.5$ mol/L NaN_3 和 $150\sim220$ mol/L DMS 溶液。另外可取一处污水作被检液之一,用自来水(或蒸馏水)处理做对照。处理根尖 $12\sim24$ h,此时间亦可视实验要求和被测液浓度而定。

(3)根尖细胞恢复培养:处理后的种子用自来水(或蒸馏水)浸洗三次,每次 $2\sim3$ min。洗净后再置入辅有湿润滤纸的瓷盘,25 ℃下再恢复培养 $22\sim24$ h。

(4)根尖细胞固定:将恢复后的种子,从根尖顶端切下 1 cm 长的幼根,用甲醇:冰醋酸(3∶1)液固定 24 h。固定后的根如不及时制片,可换入 70% 的乙醇溶液中置 4 ℃冰箱中保存备用。

(5)酸解:用蒸馏水浸洗固定好的幼根两次,每次 5 min,吸净蒸馏水,加入 6 mol/L 盐酸将幼根浸没,室温下酸解 10 min,幼根软化即可。

(6)染色:吸去盐酸,用蒸馏水浸没幼根三次,每次 $1\sim2$ min,最后浸于水中。制片前取出置载玻片上,截取长 $1\sim2$ mm 左右的根尖,滴一滴醋酸洋红染液,染色 $5\sim8$ min,加上盖玻片,压片观察。

4. 实验结果

首先在显微镜低倍镜下找到分生组织区细胞分散均匀、分裂相较多的部位,再转高倍镜观察。微核大小在主核 1/3 以下,并与主核分离,着色与主核一致或稍浅,呈圆形或椭圆形。每一次处理观察 3 个根尖,每个根尖数 1 000 个细胞,统计其中含微核的细胞数,然后平均,即为该处理的 MCN‰,即微核千分率,可以此作一个检测指标。

根据你的实验安排列表填出你的实验结果。

若进行污水检测,根据:

污染指数(PI)＝样品实测 MCN‰平均值/对照组(标准水)MCN‰平均值

鉴定出你所测水样的污染程度,也可以计算被检化学药剂的污染指数。

污染指数在 $0\sim1.5$ 区间,基本没有污染;

$1.5\sim2$ 区间,为轻度污染;

$2\sim3.5$ 区间,为中度污染;

3.5 以上,为重度污染。

四、思考题

1. 试比较动物和植物系统的微核测试方法。

2. 在蚕豆根尖细胞的微核测试中,为什么要进行恢复培养?

3. 实验中请同时仔细观察每个分裂相细胞,思考产生微核的根尖细胞在产生前的分裂中期可能出现什么样的中期分裂图像?

实验五　高等植物有性杂交技术

一、实验目的

1. 了解高等植物有性杂交的原理。
2. 了解植物花器构造和开花的生物学特性。
3. 掌握几种植物的有性杂交技术。

二、实验原理

植物有性杂交是利用遗传性状不同的亲本进行交配,以组合两个或多个亲本的优良性状于杂种体中,并经过基因的分离和重组,产生各种性状的变异类型,从中选择出最需要的基因型,进而创造出对人类有利的优良品种。根据杂交亲本间亲缘关系的远近,有性杂交又分为近缘杂交和远缘杂交两大类。前者是指同一植物种内的不同品种之间的杂交,后者指在不同植物种或属间进行的杂交,也包括野生种和栽培种之间的杂交。品种间杂交为近缘杂交,由于品种间亲缘关系较近,具有相同的遗传物质基础,品种间杂交易获成功,通过正确选择亲本,能在较短时间内选育出具有双亲优良性状的新品种。但在品种间杂交时,因有利经济性状的遗传潜力具有一定限度,往往存在品种之间在某些性状上不能互相弥补的缺点。远缘杂交可以扩大栽培植物的种质库,能把许多有益基因或基因片断组合到新种中,以产生新的有益性状,从而丰富各类植物的基因型;通过远缘杂交,还可获得雄性不育系,扩大杂交优势的利用。但远缘杂交交配结实率低,而且不易成功;有时会造成完全不育,杂种夭亡;杂种后代出现强烈分离,中间类型表现不稳定,增加了远缘杂交的复杂性和困难,限制了远缘杂交在育种实践上的应用。

三、实验材料

小麦(*Triticum aestivum*)、玉米(*Zea mays*)。

四、实验器具和药品

镊子、小剪刀、玻璃纸袋、羊皮纸袋或牛皮纸袋、大头针或曲别针、纸牌、广口瓶、麦管、酒盅、铅笔、记录本、50％以上不同浓度的酒精溶液、酒精棉球。

五、实验内容

(一)小麦有性杂交

1. 小麦花的结构

小麦为穗状花序(通称麦穗)。花序轴上生有许多节,每一节着生一个小穗,每个小穗有两个颖片和3～9朵小花。每朵小花由 1 枚外稃、1 枚内稃、2 枚浆片、3 枚雄蕊和 1 枚雌蕊组成,雌蕊具有 2 个羽毛状柱头。小花的外稃顶端因品种不同,有的有芒,有的无芒。

2. 开花习性

小麦开花习性包括开花顺序、开花时间和授粉方式等内容。

(1)开花顺序:小麦从抽穗到开花,一般需要 3～5 d。就全株来说,主茎上的花先开,然后分蘖枝上的花才开;就一个麦穗来说,中部的小穗先开花;就一个小穗来说,基部的花先开。

(2)开花时间:一个麦穗的花期大约是 5～7 d,其中第 3～4 d 开花最盛。小麦的花日夜都开,但白天开得多。在一天中,上午和下午各有一个高峰。北方地区,上午是 9～11 时,下午是 3～6 时。就一朵花来说,从浆片膨胀到内、外稃张开,只需 1～2 min,然后伸出花药,并在 2～3 min 之内散出花粉,15～20 min 关闭,开花完毕。

(3)授粉方式:小麦为自花授粉作物,但有一定的天然杂交率。其天然杂交率在 1％以下,随气温不同而有区别。开花时如遇高温或干旱,天然杂交率就会上升,这是由于小麦花粉在高温干旱条件下很快失去生活力,而柱头的受精能力却往往能保持几天,一旦气温下降或干旱减轻,就能接受外来花粉,发生天然杂交。

3. 杂交步骤

(1)选穗:根据已确定的杂交组合,在杂交亲本中选择母本性状典型、健壮无病的单株作为母本,一般以主茎穗或大分蘖穗为好。被选中的小麦穗应该是刚抽出叶鞘还未开花,麦穗茎部与旗叶叶鞘间距离为半寸左右,花药呈绿色,柱头还未羽毛状分叉。

(2)整穗：先用镊子去掉选好的穗子下部发育较迟的小穗,仅留中部 5 ～ 6 个小穗,再用镊子取掉小穗上中间的几朵小花,一般每个小穗只留基部两朵发育最好的小花,最后用小剪刀剪去外颖上的芒。

(3)去雄：将整好的麦穗去雄,一般采用以下两种方法：

①分颖去雄法：将整过的麦穗夹在左手拇指和中指中间,用食指逐个轻压外颖的顶部,使内外颖分开,然后用镊子插入小花内外颖的台缝内,轻轻把三枚花药取出,最好一次去净。注意勿伤柱头,同时不要将花药夹破。如果夹破了花药,应摘掉此朵小花,并用酒精棉球擦洗镊子顶端,以杀死其上附着的花粉,以免发生自交。去雄时先从穗的一侧开始,自上而下逐个进行。去完一侧再去另一侧,不要遗漏。去雄后立即将麦穗套上玻璃纸袋;用大头针或曲别针将纸袋别好(注意不要损坏旗叶)并挂上纸牌。用铅笔注明母本品种名称、去雄日期和操作者姓名。

②剪颖去雄法：用剪刀把整好的麦穗上留的每朵小花的护颖及内外颖剪去 1/3 ～ 2/5,以不剪破花药为准。然后用镊子从剪口处把花药取出。此法也要自上而下逐朵小花进行,去完一侧再去另一侧,不能遗漏,也不能损伤柱头。如发现个别小花已散粉,应立即摘掉散粉小花。去雄后套上纸袋并别好,挂上纸牌,注明母本名称、去雄日期和操作者姓名。

4. 授粉

一般去雄后 2 ～ 3 d,花朵的柱头呈羽毛状分叉,并带有光泽。此时标志柱头已发育成熟,可以进行授粉。但由于品种抽穗期早晚和当时的气温不同,柱头成熟的速度也不一致,一般早抽穗的品种,柱头成熟的时间较长些,晚抽穗的品种,特别是在高温条件下,去雄后 1 ～ 2 d 柱头即可成熟,有的甚至在去雄性头时就已经成熟,因此应抓紧时机,适时授粉,以提高杂交结实率。每天上午 8～ 11 时,下午 3～5 时是最佳授粉时间。

(1)采粉授粉法：授粉前先采集父本花粉,于上午 7～10 时开花最盛时进行。如果父本穗子数量多,可直接采收花粉。方法是：选择麦穗中部有几朵小花已开花的穗子,将此穗子自上而下轻轻抹几遍促使其开花,几分钟后就可看到颖壳逐渐张开,花药逐渐伸出,此时将穗子斜置于容器上方,用镊子轻轻敲打麦穗,花药即可落入容器之中。另外,如果父本穗子数量少,可选当天有几朵小花开花的穗子(花药呈金黄色),用镊子撑开小花的内外颖,取出金黄色的花药放入酒盅中。花粉采集后,马上取下麦穗上的纸袋,用小毛笔蘸取少量花粉或用镊子夹 2 ～ 3 个花药依次放入已去雄的小花柱头上,也要按从上而下,授完一侧再授另一侧的顺序进行。为使柱头授粉良好,应使花粉在柱头上轻擦几下;全穗授粉完毕后,仍套上纸袋,用大头针别好,挂上纸牌,注明父本名称及授粉日期。

（2）**采穗授粉法**：此法配合剪颖去雄法。选择当天将要开花的父本穗为供粉穗，将穗子剪下，随即把顶部和基部发育不好的小穗去掉，留下中间两侧的小穗；然后将颖壳斜剪 1/3，以不伤花药为准，在阳光下照射 2～3 min，花药即可伸出颖外，将母本纸袋上部剪开，向内吹起使纸袋充分张开，轻轻拿起即将散粉的父本穗倒置插入母本纸袋，在袋内捻转几下，花粉就自然落在柱头上。授粉完毕后，父本穗取出，仍旧套上纸袋，用大头针别好纸袋口，在纸牌上注明父本名称及授粉日期。

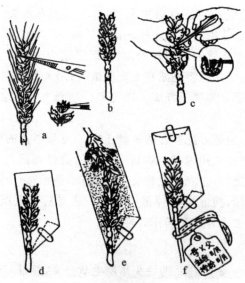

a.整穗　b.整好的穗　c.去雄　d.套袋　e.采穗授粉　f.挂牌

图 5—2　小麦杂交示意图

5.检查受精情况

授粉后 1～2 小时花粉粒就在柱头上萌发，40 多小时后完成受精。授粉后 3～4 d 打开纸袋检查杂交成功率。若子房已膨大，内外颖合拢，柱头萎缩，失去光泽，即说明已受精，否则未受精。若在一穗上大部分小花都没受精，则进行第二次授粉。检查完毕后仍然套上纸袋。

6.收获

6 月初小麦成熟后，把同一种杂交组合的杂交穗子剪下收集在一起，脱粒后装在一个纸袋里，并在纸袋上注明杂交组合、种子粒数、收获日期，上交实验室。

（二）玉米有性杂交

1.玉米的花器构造

玉米（*Zea mays*）属禾本科（*Gramineae*）、玉米属（*Zea*）雌雄同株异花授粉作物。雄穗由植株顶端的生长锥分化而成,为圆锥花序,由主轴和侧枝组成。主轴上着生 4~11 行成对排列的小穗,侧枝仅有 2 行成对小穗。每对小穗中,有柄小穗位于上方,无柄小穗位于下方。每个小穗有 2 枚护颖,护颖间着生 2 朵雄花,每朵雄花含有内外颖、鳞片各 2 枚,雄蕊 3 枚,雌蕊退化。

雌穗一般由从上向下的第 6 至第 7 节的腋芽发育而成,为肉状花序。雌穗外被苞叶,中部为一肉质穗轴,在穗轴上着生成对的无柄雌小穗,一般有 14~18 行,每小穗有 2 枚颖片,颖片内有 2 朵雌花,基部的 1 朵不育,另 1 朵含雌蕊 1 枚,花柱丝状细长,伸出苞叶之外,先端二裂,整条花柱(俗称花丝)长满茸毛,有接受花粉能力。

2. 开花习性

玉米雄穗一般抽出后 5~7 d 左右便开花散粉。每天 8~11 时开花,以 7~9 时开花最盛。开花顺序是先主轴后侧枝,主轴由中上部开始向上向下延伸,侧枝则由上而下开放,始花后 2~4 d 为盛花期,一株雄穗花期 7~8 d。开花的最适温度为 25~28 ℃,最适相对湿度为 70%~90%。温度低于 18℃或高于 38℃时雄花不开放。在温度为 28.6~30 ℃和相对湿度为 65%~81% 的田间条件下,花粉生活力一般能保持 6 小时,以后生活力下降,大约可持续 8 小时左右。

一般雄穗散粉后 2~4 d,同株雌穗的花丝开始外露。通常以雌穗中下部的花丝先抽出,然后向上向下延伸,以顶部花丝抽出最晚。一般花丝从苞叶中全部伸出约需 2~5 d,花丝生活力可持续 10~15 d,但以抽出后 2~5 d 授粉结实最好。尚未受精的花丝色泽新鲜,剪短后还可继续生长,但一经受精便凋萎变褐。玉米的花粉借风传播,传播距离一般在植株周围 2~3 m 内,远的可达 250 m。花粉落到花丝上后约 6 h 开始发芽,24~36 h 即可受精。

3. 杂交步骤

(1)选穗:根据育种目标和实验设计,选择健壮优良、无病、苞叶露出而没有吐丝的植株。

(2)隔离:用透光防水的硫酸纸袋套住母本的雌穗,同时也套住选作父本的雄穗,防止外来花粉的侵入,以保证实验的准确性。套袋时将袋口插在茎秆和雌穗之间,以防吹落。另外种植时也应考虑父、母本间在种植时间和空间上的隔离。

(3)整穗:当雌穗花丝伸长出苞叶一寸左右时,表明雌花发育成熟。由于各朵花吐丝时间不同,苞叶外的花丝可能长短不齐,取下透明纸袋把花丝修剪成一寸左右,然后继续套上透明纸袋。

(4)授粉:整穗后应马上进行授粉。上午 9~10 时将已开始开花散粉的父本雄穗轻轻弯曲抖动,使花粉落在透明纸袋内,然后取下纸袋,折叠袋口。授粉者应头戴草帽,迅速到授粉植株处,用草帽檐遮住雌穗上方,轻取下雌穗套袋,将装有花粉的透明纸袋口向下倾斜,使花粉均匀倒在母本花丝上,然后立即套上原雌穗套袋,用大头针连同苞叶一块别好,用小绳将纸袋轻拴在茎上,并在玉米茎上系上纸牌,注明杂交组合、授粉日期及操作者姓名。

每做完一个杂交组合,即用酒精擦手,杀死花粉,以免造成人为授粉混杂。另外授粉时动作要敏捷,取袋、套袋要迅速,尽量缩短花丝暴露的时间,不要用手触摸花丝,并用草帽和身体挡住外来花粉,以免其落在母本花丝上,造成混杂。

5. 检查受精情况

授粉4~5 d后,打开纸袋检查,若大部分花丝已萎缩,没有光泽,说明受精情况正常。

6. 收获

将成熟的玉米杂交果穗连同植株上的纸牌一起收交实验室。

六、实验作业

根据上述小麦、玉米各自的杂交方法,在各自的开花盛期每种作物杂交3~5个,收获后将杂交穗子或籽粒交实验室并统计杂交结实率。

实验六　植物多倍体的诱发及细胞学鉴定

一、实验目的

1. 了解多倍体植物及其在植物遗传与进化中的重要作用。
2. 了解人工诱导植物多倍体的原理、方法及其在植物育种中的应用。
3. 应用植物染色体制片技术,鉴别诱发后染色体数目的变化。
4. 学习利用孚尔根反应(染色)鉴定多倍性细胞的方法。

二、实验材料

洋葱($Allium\ cepa$,$2n=16$)、大麦($Hordeum$,$2n=14$)、大蒜($Allium\ sativum$,$2n=16$)、西瓜($Citrullus\ vulgaris$,$2n=22$)、玉米($Zea\ mays$,$2n=20$)、蚕豆($Vicia\ faba$,$2n=12$)等的种子、鳞茎。

三、实验用具和药品

显微镜、剪刀、培养皿、载玻片、盖玻片、吸水纸、培养箱、镊子、纱布、脱脂棉、酒精灯、测微尺。

秋水仙碱(0.1%和0.025%)、HCl (1 mol/L)、硝酸银(0.1%～0.2%)、碘化钾(1%)、固定液、醋酸洋红或卡宝品红染色液。

四、实验说明

1. 实验原理

多倍体植物的发生,尤其是异源多倍体植物的产生是生物进化的重要途径之一。植物正常细胞的有丝分裂,在中期已复制为两条染色体,且都集中于中央赤道板上,染色单体由于纺锤丝的牵引在后期分别趋向细胞两极。纺锤丝主要化学组成为蛋白质。一般认为蛋白质分子中的二硫键可以被细胞中辅酶的—SH(巯基)还原,于是由分子内的二硫键转变为分子间的二硫键,从而使蛋白质分子聚合。凡是能抑制巯基作用又能保持细胞活性的物质,就能阻止蛋白质分子聚合或使已构成纺锤丝的蛋白质分子间发生解聚作用,致使纺锤丝不能形成或断裂,从而消失,造成染色单体不能分向细胞两极,细胞质也不分离,复制的染色体仍存在于一个细胞中,结果染色体倍增。如果该细胞在下一次细胞分裂时又经药剂作用,则可产生含更高倍数染色体数的细胞(一般成等比级数增加,但也会出现奇数倍或非整倍现象;由于药物的毒性作用,细胞染色体不会无限制地增多),这样就形成了多倍性细胞。在药剂作用的过程中,由于同一组织中不同细胞有丝分裂的不同步性,会出现染色体加倍程度不一的表现,这种现象称为混倍性(混倍现象)。经加倍了的细胞,一旦停止药剂作用,仍能进行正常的有丝分裂,由此而产生的子细胞,一般都是多倍性细胞。从这种细胞分化出来的植株,就是多倍体。

2. 诱发药物

人工诱发植物多倍体的方法很多,分为物理方法(变温、机械损伤、射线处理等)和化学方法(如秋水仙碱 $C_{22}H_{25}O_6N \cdot H_2O$)。秋水仙碱是诱发植物多倍体最有效的方法,此外还有六氯代苯、α-溴代萘、对二氯代苯、申苯磺硫苯胺基苯汞(富民隆的主要成分)等化学物质。

3. 鉴定方法

植物多倍体的鉴定有两种方法:①直接鉴定法,又叫细胞学鉴定法,即直接计数细胞内的染色体数目而鉴定其加倍的倍数;②间接鉴定法,通过测量叶片、气孔、保卫细胞及花粉粒大小等外部形态间接鉴定是否属于多倍体。植物细胞、组织大小的测量,传统的方法是借助接目测微尺。先在低倍镜下找到目的物,然后在高倍镜下用接目测微尺测定细胞占接目测微尺的格数,再根据接目测微尺每格长度推算细胞、组织的大小。

接目测微尺每格长度(μm)=接物测微尺格数×10/接目测微尺格数

现在还可用显微摄影或适合的软件进行测量。

4. 染色方法

鉴定多倍体细胞染色的方法很多,效果较好的染色方法是孚尔根反应。其原理是:染色体是遗传物质的载体,主要化学成分是脱氧核糖核酸(DNA),DNA系核苷酸的多聚体,核苷又由碱基、脱氧核糖和磷酸组成。当根尖细胞经 60 ℃、1 mol/L HCl 处理后,不仅可使分生组织的细胞彼此分离,还可以破坏核内DNA链上的嘌呤碱与脱氧核糖之间的糖苷键致使嘌呤脱下,脱氧核糖上的醛基(—CHO)暴露,形成含醛基的无嘌呤结构物,醛基与无色碱性品红相遇时发生反应而呈现紫红色。因此根据紫红色出现的部位就可鉴定脱氧核糖核酸(DNA)的存在和分布。

五、实验步骤

1.植物根尖多倍体的诱发

将玉米、大麦等植物种子洗净后用水浸泡 1～2 d,然后摆放在铺有湿润滤纸(或纱布)的培养皿中置于 25～28 ℃条件下发芽,当根长到 1 cm 时取出洗净,把水吸干后移到 0.01％～0.1％的秋水仙碱溶液中,使植物根部浸在药液中,根尖朝下,25 ℃条件下处理到根尖明显膨大为止;另外设加入清水的作为对照。根尖膨大后取出洗净,用卡诺氏固定液固定 1 h,以备镜检。用洋葱作材料时,必须先剪去老根,然后置于盛满水的瓶口上,当长出新的不定根后,再用秋水仙碱处理。

2.多倍体植物的诱发

(1)处理种子:将植物的种子放在 0.1％秋水仙碱溶液中浸种 24 h 后取出,用自来水冲洗 2～3 次,然后将种子移到放有被 0.025％秋水仙碱溶液润湿了的吸水纸的培养皿中,为避免蒸发,加上盖放入 20 ℃培养箱内发芽,一般处理两天就可长出幼苗。对干燥种子比浸过种的种子要多处理 1 d,种皮厚发芽慢的种子应先催芽后进行处理。用秋水仙碱处理种子,秋水仙碱能阻碍根系发育,所以对已发芽的种子应用较低的秋水仙碱溶液处理较短的时间。处理后取出幼苗,用自来水缓缓冲洗以免损伤,然后将幼苗移栽到大田或盆钵内,同时播种未经处理的种子幼苗作为对照。

(2)处理幼苗:对于发芽慢的种子在出苗后处理效果更好。以西瓜为例,先将二倍体西瓜籽浸种催芽。当胚根长到 1～1.5 cm 时,将胚根倒置于盛有 0.2％～0.4％秋水仙碱溶液的培养皿中置 25 ℃温度下浸渍 20～24 h。注意处理时需要用湿滤纸将根盖好,避免失水。处理后的幼苗,经水洗后进行栽种或砂培。另外也可以采用田间处理幼苗的方法,即当幼苗子叶展平时,每天早晚用 0.25％或0.4％秋水仙碱溶液滴浸生长点各一次,每次 1～2 滴,连续处理 4 天,遮阴保持湿度。以上两种方法如果成功可获得四倍体西瓜,再用它和二倍体西瓜杂交就可育成三倍体无子西瓜。

(3)处理芽:选用葡萄植株或插条等果树的顶芽或腋芽生长点进行处理。将芽部固定在一个蘸有 0.5％～0.7％浓度秋水仙碱的棉球中(最好外罩一塑料袋防止蒸发)连续处理 2～3 d 后,去掉棉球,反复用清水冲洗生长点。也可用蘸有秋水仙碱的棉球涂抹生长点,待进一步生长后,再进行观察和鉴定。

3.多倍体的鉴定

(1)细胞学鉴定:将已经加倍和未加倍(对照)的植株根尖或茎尖制成临时制片,观察有丝分裂中期的染色体数目。将收获的可能为同源多倍体的大粒种子发芽制成根尖压片,检查染色体数目。

(2)形态鉴定:观察植物多倍体植株,分别比较鉴定二倍体和多倍体在形态上的主要区别。

(3)气孔鉴定:在同源多倍体植物叶片背面中部划一切口,用尖头镊子夹住切口部分,撕下一薄层下表皮放在载玻片上,加一滴蒸馏水铺平,盖上盖玻片,制成表皮装片。用同样方法,制作一张二倍体植株的表皮装片作为对照,镜检比较多倍体和二倍体气孔和保卫细胞的大小,各测定30个计算出平均值。气孔保卫细胞的大小用测微尺测量:

$$目镜测微尺每格长度(\mu m) = \frac{镜台测微尺格数 \times 10}{目镜测微尺格数}$$

气孔密度测定方法:将叶片表皮制片于显微镜下检查,计算每个视野气孔数,移动制片重复10次,求出平均值。视野面积的计算,用目镜测微尺量出视野直径,按公式 $S = \pi r^2$ 求视野面积,得出每平方毫米叶面积的气孔数。

(4)保卫细胞内叶绿体数目测定:取叶下表皮于载玻片上,滴加 $0.1\% \sim 0.2\%$ $AgNO_3$ 溶液数秒后,加盖玻片,在显微镜下观察保卫细胞内的叶绿体数目。

(5)花粉粒的鉴定:从同源多倍体和二倍体植株上采集花粉放入 45% 醋酸中,用滴管各吸取一滴花粉粒悬浮液分别放到载玻片上,加上碘化钾溶液,盖上盖玻片制成花粉粒制片,然后镜检,观察同源多倍体和二倍体花粉形态大小是否整齐、有无畸形。若大小差异不明显,可用测微尺各测定30个花粉粒大小,求平均值。

六、实验结果

将镜检结果填入下表。

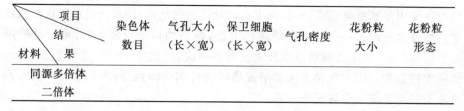

材料　　结果　　项目	染色体数目	气孔大小(长×宽)	保卫细胞(长×宽)	气孔密度	花粉粒大小	花粉粒形态
同源多倍体						
二倍体						

七、实验作业

1.对实验结果进行分析。

2.绘制一张多倍体植物分裂中期染色体图像。

3.交1~2张好的多倍体根尖制片。

4.简述多倍体诱发的基本原理及意义。

实验七　粗糙链孢霉杂交分析

一、实验目的

1. 学习和掌握粗糙链孢霉的培养方法和杂交技术。
2. 验证遗传学的分离定律和联锁互换定律。

二、实验原理

粗糙链孢霉(*Neurospore crassa*)属于真菌类,它的营养体由单倍性的($n=7$)多核菌丝组成。无性繁殖是菌丝片断或分生孢子经有丝分裂直接发育成菌丝体;有性繁殖有两种方式:一种是两种不同接合型的营养体相互接受对方的分生孢子发生杂交,形成合子;另一种是不同接合型的菌丝相互靠在一起,细胞融合形成异核体。两种有性生殖方式形成的二倍性合子都可以经减数分裂形成4个子细胞,每个子细胞又可经一次有丝分裂形成8个子细胞,进一步发育形成8个子囊孢子。粗糙链孢霉形成的8个子囊孢子有顺序地直线排列在子囊中。不同接合型的子囊孢子具有黑色、白色两种类型,在子囊中8个子囊孢子常呈4黑4白的排列方式,因此可以在显微镜下直接观察基因的分离现象。当基因发生了互换时,8个子囊孢子又会排列成2黑2白2黑2白或2黑4白2黑或2白4黑2白,因此在显微镜下也可以观察基因的联锁互换现象。

赖氨酸缺陷型(Lys)的子囊孢子成熟得较晚,所以在一定时期呈现灰白色;野生型(Lys$^+$)的子囊孢子成熟得较早,在一定时期呈现黑色。让以上两种接合型的粗糙链孢霉杂交,在适当时期观察子囊孢子可以看到六种子囊类型。黑色野生型(Lys$^+$)子囊孢子以"＋号"表示,白色缺陷型(Lys)子囊孢子以"－"号表示。

非交换型子囊:＋＋＋＋－－－－
　　　　　　－－－－＋＋＋＋

交换型子囊:＋＋－－＋＋－－
　　　　　＋＋－－－－＋＋
　　　　　－－＋＋＋＋－－

交换型子囊的出现是由于基因 Lys$^-$ 或 Lys$^+$ 于着丝粒之间发生了交换,所以,通过计算交换型子囊的百分数可以算出 Lys$^+$ 基因与着丝粒间的相对距离。

$$重组值 = \frac{交换型子囊数}{交换型子囊数 + 非交换型子囊数} \times 100\% \times \frac{1}{2}$$

三、实验材料

野生型粗糙链孢霉(Lys$^+$)和赖氨酸缺陷型粗糙链孢霉(Lys$^-$)。

四、实验器具和药品

培养箱、显微镜、镊子、解剖针、接种环、载玻片、盖玻片、试管、酒精灯、滤纸、白的确良布(10 cm×10 cm)、灭菌锅。

基本培养基、补充培养基、杂交培养基见附录Ⅴ。

五、实验步骤

1. 菌种活化

从冰箱中取出保存的野生型和赖氨酸缺陷型原种,在无菌操作条件下把野生型接种在基本培养基上,赖氨酸缺陷型的接种在含赖氨酸的补充培养基上,把接种好的试管放在23 ℃恒温培养箱内培养5~6天,直至在试管中长成许多菌丝,并且在菌丝上部有许多分生孢子,此时表明菌种活化成功。

2. 杂交

用接种环挑取已活化好的 Lys$^+$ 和 Lys$^-$ 菌丝或分生孢子共同接种于同一杂交培养基上,并在培养基的琼脂斜面中部插一折叠的滤纸。在盛杂交培养基的试管上贴上标签,注明杂交组合、杂交日期、操作者姓名等。把试管放入25 ℃恒温培养箱中培养2~3周,直至在试管里的菌丝上有棕黑色的、用镊子或解剖针触摸时有坚实感的子囊果出现。

3. 挑取子囊果

在培养过程中可以用解剖针挑出几个子囊果进行制片观察,若子囊中的8个子囊孢子都是灰白色的,说明培养物还未到最佳观察时期,可以继续培养。若8个子囊孢子都是黑色的,说明子囊孢子已老化,错过了最佳观察时机。实验操作时用解剖针把子囊果从试管中挑出来放在白的确良布上,用解剖针轻压子囊果,若有坚实感则说明此子囊果发育正常。用解剖针在白的确良布上来回拨动子囊果以去掉子囊果上的菌丝或培养基。

4.挤出内含物

把子囊果放在载玻片中央,让子囊果的口孔朝向上方,在子囊果上方斜放一盖玻片,见图 7—1(a),然后左手食指轻按盖玻片压碎子囊果。当听到"叭"一清脆响声时即可看到在子囊果右下角挤出一灰色 1/4～1/3 小米粒大小的斑点。取下盖玻片,小心把子囊果壳去掉,剩下的斑点就是被挤出来的许多小囊,见图 7—1(b)和图 7—1(c)。

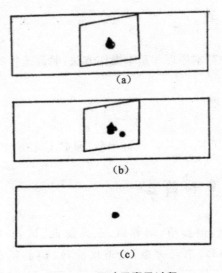

图 7—1　压破子囊果过程

5.压片

在载玻片中央剩下的灰色斑点处加少量生理盐水,轻轻盖上盖玻片,让其自然落下,灰色斑点即可散开呈菊花瓣状或扇形结构。

6.观察

把制好的玻片标本放在显微镜下观察子囊孢子在子囊中的排列顺序。若看到一些黑:白=5:3 或 6:2 的子囊,这是由于染色单体或半染色单体转换所致。

六、实验结果

将观察的 10～15 个子囊果中各种类型子囊的数目填入记录表中。

七、实验作业

写出实验报告。计算 Lys 基因与着丝粒间的重组值。

实验八　细菌的专一性转导技术

一、实验目的

学习细菌转导的基本原理和基本操作方法,验证遗传的物质基础是 DNA。

二、实验材料

大肠肝菌(E. Coli)K_{12}(λ)gal^+(野生型)和 E. Coli K_{12}(λ)gal^-(突变型)。

三、实验用具和药品

普通生物显微镜、恒温箱、培养皿、三角烧瓶、试管、吸管、滴管、酒精灯、1SW 紫外光源、接种耳、消毒灭菌锅、玻璃涂棒、离心机(4 000 r/min)、离心管等。

牛肉膏、蛋白胨、NaCl、K_2HPO_4、KH_2PO_4、$MgSO_4 \cdot 7H_2O$ 和氯仿、琼脂、半乳糖、伊红(Eosin)、美蓝(*Methylene blue*)。

四、实验说明

细菌转导的结果证明了遗传物质的基础是 DNA。所谓转导是指以噬菌体作为媒介,把一个细胞的遗传物质 DNA 片断带到另一个细胞并与其 DNA 整合,使后者表现出前者的性状的过程。借噬菌体转出遗传物质的细胞称供体,接受遗传物质的细胞称受体。转导可分为两类:普遍性转导和局限性转导(又称专一性转导)。普遍性转导对转导的性状是不一定的,而专一性转导则是局限于某一性状。

本实验以噬菌体(λ)专一性转导半乳糖发酵基因的现象为例,来说明转导的基本原理和过程。噬菌体(λ)进入了能发酵半乳糖的野生型大肠杆菌 K_{12},使之变为溶源性的细菌(*Lysogenic bacteria*),可写成 K_{12}(λ)gal^+,这时 λ 称原噬菌体。λ进入大肠杆菌并与其 DNA 整合,其整合部位与 gal^+ 紧密联锁,作为供体菌,由于此菌在半乳糖 EMB 培养基上能发酵半乳糖而改变了培养基的某些化学成分,作用于伊红、美蓝使其菌落表现为紫红色。当此菌经紫外线诱导后,λ原噬菌体就从大肠杆菌中裂解释放出来,其中有一定比例的噬菌体在裂解过程中携带有邻近的半乳糖发酵基因 gal^+,即转导噬菌体,然后用此噬菌体去感染另一个不能发酵半乳糖的突变型大肠杆菌,即受体菌 $K_{12}(λ)gal^-$。此菌因不能发酵半乳糖,伊红、美蓝不发生变化,故在半乳糖 EMB 培养基上所形成的菌落与原培养基颜色一样,色浅近于白色,受体菌经带 gal^+ 的噬菌体感染之后,就能发酵半乳糖,则在半乳糖 EMB 的培养基上就会出现紫红色的菌落。

整个转导过程可图示如下:

$K_{12}(λ)gal^+$(供体菌,能利用半乳糖)

↓Uv(噬菌体裂解)

$(λ)gal^+$——(转导噬菌体)

↓

$K_{12}gal^-$——(受体菌不能利用半乳糖)

↓

$K_{12}gal'(λ)gal^+$-——(能利用半乳糖)

五、实验步骤

整个实验过程都须按微生物实验操作的要求进行,所有用具都应在实验前完成消毒灭菌。

(一)培养基的制备

1. 肉汤培养液

牛肉膏 5 g,蛋白胨 10 g,NaCl 5 g,蒸馏水 1 000 mL,pH 7.0~7.2。此溶液配好后分别按需要量装入试管和三角瓶。

2. 肉汤培养基

煮沸肉汤培养液,加入 2% 琼脂,待琼脂溶解后装入试管,消毒后放成斜面,可作为保存菌种和效价测定用。

3. 加倍肉汤培养液(2E)

各成分同肉汤培养液,用量加倍

4. 磷酸缓冲液

KH_2PO_4 2 g K_2HPO_4 7 g

$MgSO_4 \cdot 7H_2O$ 0.25 g 蒸馏水 1 000 mL

5. 半乳糖 EMB 培养基

伊红 0.4 g,美蓝 0.06 g,半乳糖 10 g,蛋白胨 10 g,K_2HPO_4 2 g,琼脂 20 g,蒸馏水 1 000 mL,pH7.0~7.2。

先将蛋白胨半乳糖等加热煮沸,加入琼脂,使其溶解后,调整 pH 值,再加入伊红和美蓝,最后装进三角瓶。

6. 半固体培养基

1 g 琼脂,1 00 mL 蒸馏水。

以上培养基均放于消毒灭菌锅内(8 磅 30 min)消毒。

(二)λ噬菌体裂解液的制备

1. 从供体菌 K(λ)gal⁺ 斜面上挑取一环菌种接种于 5 mL 肉汤培养液的三角瓶或试管中,37 ℃培养 14~16 h,然后吸 0.5 mL 接种于 4.5 mL 肉汤培养液的三角瓶内,继续培养 2~3 h。

2. 培养结束,将三角瓶内所有菌液倒入离心管内,3 000 r/min 离心 10 分钟,弃去上清液,加入 4 mL 磷酸缓冲液搅动制成悬浮液。

3. 吸取悬浮液 3 mL,置小培养皿中,置 15 W 紫外光灯下 40 cm 处照射 10 s,然后加 3 mL2E 置 37 ℃黑暗处培养 2~3 h。

4. 吸取培养物于离心管中 3 000 r/min 离心 10 min,取上清液,再加入 0.2 mL氯仿(4~5 滴)剧烈振荡半分钟,静置 5 分钟后,小心将上清液吸入另一无菌试管,便得 λ噬菌体的裂解液。

(三)噬菌体效价测定

1. 从受体菌 K_{12} gal⁻ 斜面挑取一环菌接种于 5 mL 肉汤培养液的三角瓶或试管中,37 ℃培养 14~16 h 后,吸取上述培养液 0.5 mL 于 4.5 mL 肉汤培养液的三角瓶中,继续在 37 ℃下培养 2~3 h 待用,亦可暂放冰箱内。

2. 取已融化并于 45 ℃保温的半固体琼脂试管 4 支,每支加入上述的 gal⁻菌液 0.5 mL。

3. 取噬菌体裂解液 0.5 ml,放入盛有 4.5 mL 的肉汤培养基的试管内,依次稀释到 10～9。

4. 从 10～8、10～9 试管中分别吸取 0.5 mL 裂解液加入到有 gal⁻ 菌的半固体培养基试管中(每个稀释度做二支)搅匀,分别倒入事先准备好的盛有肉汤培养基的培养皿内,摇匀,待凝固后,37 ℃培养 12 小时。观察出现的噬菌斑数,并计算噬菌体裂解液的效价。

(四)转导方法

1.涂布法

取倒好半乳糖 EMB 培养基的培养皿 4 只,给以编号,如以 A、B、C、D 表示,则各培养皿的用途如下:

A　加 0.1mL 噬菌体裂解液;

B　加 0.1mL 受体菌 K_{12} gal⁻;

C　加 0.1mL 供体菌 $K_{12}(\lambda)$gal⁺;

D　加入噬菌体裂解液和受体菌液各 0.05 mL。

以上各培养皿菌液依次加入后,用玻璃涂棒将各培养皿上所加菌液涂匀,使之均匀分布于整个培养基表面,37 ℃培养两天后观察结果。

2.点滴法

取预先倒好的半乳糖 EMB 培养皿 2 只,作为重复,在培养皿底事先用玻璃特种铅笔画好如下图的示样,用接种耳取受体菌 $K_{12}(\lambda)$5gal⁻,按事先画好的条带均匀涂出菌带,37 ℃ 培养 1～3 小时,然后在两个圆圈和两个方格处用接种耳各加一环噬菌体裂解液(先圆圈,后方格),继续培养两天观察结果。

六、作业

根据实验结果,填写下列表格并叙述细菌转导的过程。

1.噬菌体效价测定结果

噬菌体来源	裂解体稀释浓度	取样量	噬菌斑数/皿	噬菌体数/mL
噬菌体(λ)	10～8	0.5 mL		
裂解液	10～9	0.5 mL		

2. 细菌转导实验结果

转导试验	涂　布　法				点　滴　法	
处　理	供体菌	受体菌	λ裂解液	λ裂解液＋受体菌	受体菌	λ裂解液＋受体菌
菌落生长情况						
菌落颜色						

实验九　数量性状的遗传分析

一、实验目的

1. 学习统计分析数量性状遗传实验的数据。
2. 估算遗传率和杂种优势表现的程度。

二、实验原理

数量性状受多基因控制,并且各基因之间的关系复杂,因此进行数量性状遗传分析时,往往从一对基因的遗传模型及其基因效应分析着手。质量性状是个体间差异明显,呈现不连续性变异的性状,而数量性状是易受环境条件的影响,在一个群体内表现为连续性变异的性状。研究数量性状所使用的一般方法是先根据研究目的进行遗传交配设计;然后对研究群体进行抽样测量,获得基本数据;用统计学方法对调查资料分析计算,获得统计参数,最后根据数量性状研究模型,把统计参数进一步转换成遗传参数,进一步弄清该性状遗传特征。

亲代传递数量性状给子代的能力称遗传力,又叫遗传率。性状的表现受两个因素影响,一是遗传因素,一是环境因素,即:一个性状的表现,其真正遗传分量在表现型上所占的比率称遗传率。

遗传率(%)＝ 遗传分量/表现型总分量×100

　　　　　＝ 遗传变异分量/总变异分量×100

　　　　　＝ 遗传分量/(遗传分量＋环境分量)×100

三、实验材料及用具

棉花纤维长度的遗传实验数据(见表9—1)、计算器。

四、实验步骤

1. 基本参数的计算

(1)计算各世代的平均数 $\overline{X}$ 、方差(V)及标准差(S):根据实验中所附的棉花纤维长度数据表,按照公式计算各世代的基本参数。

$$\overline{X} = (X_1 + X_2 + \cdots + X_n)/n = (fX_1 + fX_2 + \cdots + fX_n)/n = \sum fX/n;$$

$$V = \frac{\sum(X-\overline{X})2}{n-1};$$

$$S = \sqrt{V};$$

X 指个体值或分组的各组值;f 指分组的各组次数;n 指所观察的个体数。

（2）计算环境方差（V_E）：

$$V_E = (V_{P1} + V_{P2} + V_{F1})/3$$

性状表现是基因型和环境共同作用的结果,表示为:$\overline{P} = \overline{G} + \overline{E}$,$\overline{P}$ 为表现型均数,$\overline{G}$ 为表现型中基因作用分量,包括基础效应和有效基因作用,E 为环境作用,机误变量。

$$V_P(表现型方差) = V_G(基因型方差) + V_E(环境方差)$$

2. 遗传率的估算

遗传率是指一个群体内某数量性状由于遗传原因引起的变异在表现型变异中所占的比值。

广义遗传率（h_B^2）指基因型方差占表现型方差的比值,如下式:

$$h_B^2 = V_G/V_P \times 100\% = [V_{F2} - (V_{P1} + V_{P2} + V_{F1})/3]/V_{F2} \times 100\%$$

狭义遗传率（h_N^2）指加性方差占表现型方差的比值,如下式:

$$h_N^2 = V_d/V_P \times 100\% = [2V_{F2} - (V_{B1} + V_{B2})/V_{F2}] \times 100\%$$

育种上常有一般配合力,指的是加性基因作用部分;特殊配合力指的是加性和显性及互作全部基因作用部分。

五、实验作业

根据本实验所附的棉花纤维长度的实验数据,分别估算该性状的广义遗传率、狭义遗传率。

表 9-1　棉花品种 1 号×品种 2 号的亲本及不同世代的纤维长度(mm)实验资料

世代＼组距组中值x f	24.0〜24.924.5	25.0〜25.925.5	26.0〜26.926.5	27.0〜27.927.5	28.0〜28.928.5	29.0〜29.929.5	30.0〜30.930.5	31.0〜31.931.5	32.0〜32.932.5	33.0〜33.933.5	34.0〜34.934.5	35.0〜35.935.5	n	$\overline{X}$	V
品种 1 号			4	5	8	12	3								
品种 2 号				2	5	18	22	9	1	1					
F_1					1	6	9	19	8	2					
F_2	1	3	4	10	24	47	46	38	20	7	3	1			
B_1				3	4	12	23	22	10	7					
B_2		2	1	4	11	18	22	23	7	3					

实验十　植物组织培养技术

一、实验目的

学习植物组织培养方法的基本操作过程。

二、实验原理

　　植物组织培养是 1960 年以来植物细胞生物学中发展起来的一项生物技术。它是借用无菌操作方法培养植物的离体器官、组织或细胞,使其在人工合成的培养基上,通过细胞的分裂、增殖、分化、发育,最终长成完整再生植株的过程。

　　组织培养是利用细胞全能性特点,人为地调节培养基中各种营养成分和光、温等条件,使得培养的材料不断地进行细胞分裂而分化出幼苗。植物组织培养的材料可以是花粉粒、胚囊、营养体甚至单个的体细胞。从花粉上诱导出单倍体植物,然后再通过加倍即为纯合的二倍体,可供育种选择。从理论上讲,这种方法大大地缩短了育种周期,为育种工作提供了一个新的途径。自从 1964 年第一次成功地从毛叶曼陀罗花粉诱导出单倍体植株以来,人们在各种植物上都进行了研究并取得了可喜的结果,但由于单倍体的诱导频率很低,广泛应用于育种实践尚有困难。

　　植物组织培养技术的研究,不仅具有重大的理论意义,在生产实践中也已显示了广阔的应用前景。植物组织分化与形态建成问题,快速繁殖与去除病毒,花药培养与单倍体育种、幼胚培养与试管受精、抗性突变体的筛选与体细胞无性系变异、悬浮细胞培养与次生物质生产以及超低温种质保存等方面的深入研究和实际应用,都必须借助植物组织培养技术的基本程序和方法,才能深刻理解植物细胞的全能性。

三、实验材料及药品和仪器

1. 材料:水稻或其他作物的花药或营养体。
2. 仪器:高压灭菌锅、超净工作台、烘箱、培养箱或培养室。

3. 用具:镊子、解剖刀、接种针、铝饭盒、锡箔纸、玻璃铅笔或记号笔、橡皮筋。

4. 玻璃器皿:试剂瓶(50、100、1 000 mL)、三角瓶(100 mL、刻度吸管(0.5、1.0、5.0、10 mL)、培养皿(直径 9~11 cm)。

5. 药品与试剂:①药品(见附录Ⅴ);②70%酒精;③0.1%升汞。

四、实验方法

(一)实验准备

1. 玻璃器皿的清洗

所用的玻璃器皿先用肥皂粉洗净后,还必须放在洗液里浸泡,然后反复冲洗,烘干才能使用。

2. 接种室或接种箱的消毒

花药培养工作从接种培养到幼苗形成,始终在无菌条件下进行,长久未用的接种室或接种箱须在使用前 3~4 d,用福尔马林加适量的高锰酸钾熏蒸灭菌。实验前,用 70%酒精喷洒,然后用紫外光灯再次灭菌 20 min,熄灯后半小时再开始工作。

3. 培养基配制

配制培养基前先要配制母液。母液分大量元素、微量元素、铁盐及有机物质四类(各类成分、浓度、用量详见附录Ⅴ)。

(1)大量元素母液(10 倍液):分别称取 10 倍用量的各种大量无机盐,依次溶解于大约 800 mL 的(60~80℃)蒸馏水中。一种成分完全溶解后再加入下一种,最后加水,定容至 1 000 ml 后装入试剂瓶中,放在冰箱内贮存备用。

(2)微量元素母液(100 倍液):分别称取 100 倍用量的微量无机盐,依次溶解于 800 mL 重蒸水中,加水定容到 1 000 mL。

(3)铁盐母液(100 倍液):称取 100 倍用量的 Na_2-EDTA(乙二胺四乙酸钠)和 $Fe_2SO_4 \cdot 7H_2O$,溶于 800 mL 重蒸水中,最后定容到 1000 mL。

(4)有机物质母液(100 倍液):分别称取 50 倍用量的各种有机物质,依次溶解于 400 mL 重蒸水中,定容至 1 000 mL,装入棕色试剂瓶中,贮存冰箱备用。

除了上述四种母液外,培养基中经常附加的各种生长素和细胞分裂素也要配成母液贮存,临用时按浓度定量吸取加入。

(5)生长素:如 2.4、D、IAA、NAA 等。准确称取 20 mg,先用 2 mL 95%乙醇溶解,然后加水,定容至 20 mL,浓度为 1 mg/mL,再放置冰箱内贮存备用。

（6）**细胞分裂素**：如激动素（Kin）、6-苄基嘌呤（6-BA）。准确称取 20 mg，先用 2 mL 的 1 mol/L HCl 或 NaOH 溶解，然后加水，定容至 20 mL，浓度为 1 mg/mL，再放置冰箱内贮存备用。

（二）培养基的配制与分装

1. 取 1 000 mL 烧杯一只，加大量元素 10 倍母液 100 mL，微量元素 100 倍母液 10 mL，铁盐 100 倍母液 10 mL，有机物质 100 倍母液 10 mL。此外，根据培养材料和实验目的还要附加一定量的生长素、细胞分裂素及蔗糖等，然后加水至 1 000 mL，待蔗糖充分溶解后用 1 mol/L 的 NaOH 或 HCl 调酸碱度为 pH 5.8，最后加入琼脂粉 6.5 g，如用琼脂条，则要加 8.0 g。

2. 将盛有培养基的烧杯放入高压锅中，上盖牛皮纸一张，盖上高压锅盖，蒸煮半小时左右，待琼脂完全融化后取出，分装到培养用三角瓶中，每只 100 mL 三角瓶约装 40 mL 培养基。分装时要避免把培养基倒在瓶口上，否则培养时容易引起杂菌污染。

3. 把锡箔纸裁成适当大小的长方形，背靠背折起来，使其成正方形，紧密裹在瓶口上，随后便可进行灭菌。

培养基的种类和附加成分是根据培养物的种类，外植体的来源以及具体的实验目的和要求来确定的。下列经验可作为枸杞叶片培养实验的参考和依据。

1. MS 培养基附加 2,4-D 0.5 mg/L，用于诱导胚性愈伤组织，借以观察体细胞胚的形成和发生。

2. MS 培养基附加 6-BA 0.1 mg/L、NAA 0.5 mL/L，诱导叶外植体通过体细胞胚发生途径直接形成幼苗。

3. MS 培养基附加 6-BA 0.5 mg/L、NAA 0.5 mL/L，诱导叶外植体通过器官发生途径直接形成不定芽。

三种培养基中附加的蔗糖浓度均为 3%。

（三）培养基的灭菌

把装好培养基的三角瓶放入高压灭菌锅中，盖好锅盖，关闭放气阀和安全阀，接通电源，加热，当锅内压力达到 3×10^4 Pa（5 磅）时打开放气阀，放气 5 min，使锅内冷空气完全排出。关上放气阀，等气压升到 9.9×10^4 Pa（15 磅）时，在 $9.9 \times 10^4 \sim 1.3 \times 10^5$ Pa（15～20 磅）下高压灭菌 15～20 min。断开电源，等高压灭菌锅灭菌后打开放气阀，使锅内蒸汽完全排出，打开锅盖，取出培养瓶，置培养室凝固备用。

（四）取材与消毒

1. **花粉发育时期的镜检和消毒**：严格选择合适的花粉是花粉愈伤组织形成

的重要因素,水稻采用单核靠边期的花粉培养较好(此时外形为剑叶已伸出剑鞘,叶枕距为 3～10 cm,视品种和气候而异)。取花药放在玻片上,加一滴 15%铬酸、15%盐酸、10%硝酸(体积 2∶1∶1)的混合液压片。

压片后花粉粒由药囊内散出,橙黄色的铬酸把细胞核和细胞质清楚地衬托出来,处于单核靠边期的花粉,液泡已经形成,细胞核被挤在花粉粒的边缘。根据镜检时颖壳的颜色和花药在颖壳内的位置、大小,剪去较老或较嫩的小穗,留下适当时期的小穗准备接种。接种前先在 10%漂白粉的上清液内浸泡 10 分钟,再用无菌水冲洗 2～3 次。

2. 接种时将消毒过的小穗对着光,把花药上端的颖壳剪去,用镊子将花药剔在无菌纸上,再倒入装有培养基的试管内,每管 10～20 个花药,接种后塞上棉塞放在 25～28℃、相对湿度 84%的黑暗条件下培养。

3. 单倍体植株的诱导和加倍:花药接种后 20 天左右,可以陆续看到从花药裂口处长出的淡黄色愈伤组织。当长到 2～4 mm 时,再转入分化培养基上。此时用日光灯连续照明两周后可看到愈伤组织分化出根或芽,植株长到 2～3 寸时即可移栽。移栽前先将根部的培养基洗去,然后栽在土中,用烧杯罩住幼苗,防止水分过量蒸发而造成死苗。

诱导后形成的植株既有单倍体也有二倍体,所以有必要对诱导的植株进行根尖染色体检查,单倍体植株加倍为二倍体植株。一般的方法是采用 0.5%秋水仙碱溶液浸根和分蘖节,但也有在试管培养期间就自然加倍的现象。

全部的接种工作都是在严格无菌条件下进行的,所以要特别认真、仔细,以防杂菌污染。最后在瓶壁上写明培养材料、培养基代号,标明接种日期。

五、实验作业

1. 根据水稻花粉培养过程中所看到的结果,你认为 2,4-D、6-BA 和 NAA 对于形态发生过程各有何种影响?

2. 人工条件下培养的植物离体器官、组织或细胞,经过分裂、增殖,分化、发育,最终长成完整植株的过程,能够说明什么问题?

实验十一 植物核内基因组总 DNA 提取、PCR 扩增及电泳检测

第一部分 植物基因组 DNA 的提取

一、实验目的

掌握从高等植物细胞中制备基因组 DNA 的基本原理,熟悉从高等植物中提取基因组 DNA 的技术流程。

二、基本原理

本实验介绍的方法是 CTAB 法。CTAB(Cetyltriethyl ammonium bromide)是一种去污剂,它能跟核酸形成复合物,这些复合物在高盐溶液(0.7 mol/L NaCl)中可溶并且稳定存在。此时的高盐溶液中除含有 CTAB—核酸复合物外,还含有大量的多糖和蛋白。可用两种方法将核酸提纯出来:(1)用氯仿先对此高盐溶液进行抽提,大量蛋白和多糖等被从溶液中抽提沉淀出来,而核酸仍留在溶液中;接着可用乙醇或异丙醇将核酸从溶液中沉淀出来,然后用水或 TE 缓冲液等将核酸溶解。(2)降低溶液中盐的浓度(0.3 mol/L NaCl),CTAB 与核酸的复合物就会因溶解度降低而沉淀出来,而大部分的蛋白及多糖仍溶于溶液中;通过离心将 CTAB-核酸沉淀下来,然后溶解于高盐溶液中。最后,可通过氯仿抽提或 CsCl 离心等方法去除核酸溶液中所有的蛋白和多糖等不纯物,并用核糖核酸酶(RNase)酶解去除 RNA。本实验主要采用上述两个方法中的第一个。

三、实验材料

1. 植物材料:幼嫩的植物叶片或其他组织。
2. 仪器:水浴锅、液氮罐、离心机、移液枪、电泳设备、核酸紫外检测仪等。

3. 器皿：研钵、杵子、50 mL 和 1.5 mL 离心管、移液枪枪头、玻璃棒等。

4. 试剂：液氮、核糖核酸酶（RNase）、2×CTAB 抽提缓冲液（2% CTAB，1.4 mol/L NaCl，100 mmol/L Tris-Cl，pH 8.0，20 mmol/L EDTA，2% 巯基乙醇）、氯仿：异戊醇（24：1）、异丙醇、无水乙醇、70% 乙醇、TE（10 mmol/L Tris·Cl，1 mmol/L EDTA，pH 8.0）缓冲液、凝胶电泳上样缓冲液（0.4% 溴酚蓝，50% 蔗糖指示剂）、溴化乙锭溶液（剧毒）、1×TAE 凝胶电泳缓冲液、琼脂糖等。

四、实验方法

将 10～20 g 新鲜或冻存的水稻幼嫩叶片剪成小段后放于研钵中，用液氮速冻并研磨成粉末；

预先在一 50 mL 离心管中加入 20 mL 左右 2×CTAB 抽提缓冲液（2% CTAB，1.4 mol/L NaCl，100 mmol/L Tris-Cl，pH 8.0，20 mmol/L EDTA，2% 巯基乙醇），于 65 ℃水浴中预热；

将研磨好的粉末（注意不能解冻）转入经 65 ℃预热的上述离心管中，于 65 ℃水浴保温 30 min 以上，间或轻摇混匀；

取出离心管，冷却至室温；

加入等体积的氯仿：异戊醇（24：1），轻轻混匀 20 min 以上；

12 000 r/min，室温，离心 10～20 min；

将上清液移入另一干净的 50 mL 离心管中，加入 2/3 体积经 −20 ℃ 预冷的异丙醇，小心摇动离心管，使 DNA 沉淀出来；

用玻璃棒轻轻搅动后小心取出聚集于玻棒上的 DNA 沉淀；

将 DNA 沉淀移入一只 1.5 mL 的离心管中，加入 1 mL70%乙醇洗涤，重复洗涤 1～2 次；

洗净乙醇后，将 DNA 沉淀于室温干燥；

干燥后的 DNA 沉淀溶于含 20 μg/mL RNase 的 500 μL TE（10 mmol/L Tris·Cl，1 mmol/L EDTA，pH 8.0）缓冲液中，于 37℃消化 RNA 1 h；

加入 1/10 体积 3 mol/L NaAc（pH 5.2）溶液和 2 倍体积预冷的无水乙醇，小心混匀；

6 000 r/min，4 ℃离心 10 min，弃上清液；

沉淀用 70%乙醇洗涤 1 次，干燥后溶于适量 TE（pH 8.0）缓冲液中，可在 −20 ℃保存备用。

五、结果检测

取少量 DNA 溶液在 0.8％ 的琼脂糖凝胶上电泳分离并在核酸紫外检测仪上观察。

六、思考题

分析电泳结果，解释原因。

第二部分 琼脂糖凝胶电泳法检测 DNA

一、实验目的

学习用水平式琼脂糖凝胶电泳法检测 DNA 的纯度，DNA 的构型、含量以及分子量的大小。

二、实验原理

DNA 在碱性的溶液中带有负电荷，因此，在电场作用下朝正极移动。在琼脂糖凝胶中电泳时，由于琼脂糖凝胶具有一定孔径，长度不同的 DNA 分子所受凝胶的阻遏作用大小不一，迁移的速度不同，从而可以按照分子量大小得到有效分离。溴化乙锭可插入到 DNA 分子的双链中，在紫外光的照射下，插入溴化乙锭的 DNA 呈橙红色荧光，所以溴化乙锭可以作荧光指示剂指示 DNA 含量和位置。

三、实验材料

1. 实验器皿：Eppendorf 管、Tip 头、微量进样器（0～20 μL，0～200 μL，0～1 000 μL）、标记笔。
2. 仪器：电泳仪、电泳槽、微波炉、离心机。
3. 实验材料：分离的 DNA 样品（见本实验第一部分）。
4. 试剂：0.2％ 溴酚蓝、50％ 蔗糖指示剂溶液，1 mg/mL 溴化乙锭溶液，TAE 电泳缓冲液，琼脂糖。

四、实验步骤

1. 选择合适的水平式电泳仪,调节电泳槽平面至水平,检查稳压电源与正负极的线路。选择孔径大小适宜的点样梳,垂直架在电泳槽负极的一端,使点样梳底部与电泳槽水平面的距离为 0.5～1.0 mm。

2. 制备琼脂糖凝胶:按照被分离 DNA 分子的大小,确定凝胶中琼脂糖的百分比含量。一般情况下,可参考下表:

琼脂糖的含量(%)	分离线状 DNA 分子的有限范围(kb)
0.6	20～1
0.9	7～0.5
1.2	6～0.4
1.5	4～0.2

称取琼脂糖,溶解在电泳缓冲液中,大电泳槽约 160 mL,小电泳槽约 35 mL 凝胶液,置微波炉或水浴锅中加热,至琼脂糖熔化均匀。

3. 取少量凝胶溶液将电泳槽四周密封好,如两端没有插板的电泳槽,则用玻璃胶带封好两端,防止浇凝胶板时出现渗漏。然后在凝胶溶液中加 EB(EB 最终浓度为 0.5 μg/mL),摇匀,待凝胶溶液冷却至 50 ℃左右,轻轻倒入电泳槽水平板上,除掉气泡。

4. 待凝胶冷却凝固后,在电泳槽内加入电泳缓冲液,大电泳槽约需 1 200 mL,小电泳槽约 180 mL。然后小心取出点样梳与两端插板(或撕掉两端玻璃胶带),保持点样孔的完好。

5. 向待测的 DNA 样品中加 1/6 体积的溴酚蓝指示剂制成点样缓冲液。如果待测样品体积太小(1μL),则可用电泳缓冲液稀释,一般点样体积至少 2 μL 溴酚蓝,10 μL 样品。混匀后小心地进行点样,记录样品点样秩序与点样量。

6. 开启电源开关。DNA 的迁移速度与电压成正比,与琼脂糖含量有关。最高电压不超过 5 V/cm(大电泳槽不超过 200 V,小电泳槽不超过 150 V)。

7. 电泳时间看实验的具体要求而异。在电泳中途可用紫外光灯直接观察,DNA 各条区带分开后,电泳结束,一般 20 min 至 3 h。取电泳凝胶块直接在紫外光灯下拍照或绘图。

五、实验结果

绘制电泳图谱,并对结果进行分析。

六、思考题

哪些因素会影响到电泳图谱上 DNA 条带的位置?

第三部分　基因片段的 PCR(聚合酶链式反应)扩增技术

一、实验目的

学习 PCR 的基本原理与实验技术,了解引物设计的一般要求。

二、实验原理

聚合酶链式反应(Polymerase chain reaction,简称 PCR)是一种选择性体外扩增 DNA 或 RNA 片段的方法。单链 DNA 在互补寡聚核苷酸片段的引导下,可以在 DNA 聚合酶的催化下按 $5'\rightarrow 3'$ 方向复制出其互补 DNA 链,并形成双链 DNA。该单链 DNA 称为模板 DNA,寡聚核苷酸片段称为引物(primer),合成出的互补 DNA 称为产物 DNA。在 DNA 聚合酶催化的一系列合成反应中,反应时首先是在摩尔数过量的两段引物及 4 种 dNTP 存在下,将模板进行加热变性。随之将反应混合物冷却至某一温度,使引物与它的靶序列进行配对,称为退火。然后,退火引物可在 DNA 聚合酶作用下进行延伸。上述过程是由温度控制的。这种热变性－复性－延伸的过程就是一个 PCR 循环。PCR 是在合适条件下的这种循环的不断重复,并且在重复过程中,前一循环的产物 DNA 可作为后一循环的模板 DNA 参与 DNA 的合成,使产物 DNA 的量按 $2n$ 方式扩增,所以这一反应称为链式扩增反应。

常规 PCR 用于已知 DNA 序列的扩增,反应循环数为 25～35 个,变性温度为 94 ℃,复性温度为 37～55 ℃,合成延伸温度为 72 ℃,DNA 聚合酶为 Taq 酶(可耐受 95 ℃左右的高温而不失活),DNA 扩增倍数为 $10^{6}\sim 10^{9}$。

引物的设计在 PCR 中极为重要。要保证 PCR 能准确、特异、有效地对模板 DNA 进行扩增,通常引物设计要遵循以下几条原则:①引物长度:15～25 个核苷酸;②CG 含量为 40%~60%;③Tm 值高于 55 ℃〔$Tm=4(C+G)+2(A+T)$ 计算〕;④引物与模板非特异性配对位点的碱基配对率小于 70%;⑤两条引物间配对碱基数小于 5 个;⑥引物自身配对(特别是在引物的 3′端)形成的茎环结构,茎的碱基对数不大于 3。由于影响引物设计的因素比较多,常常利用计算机来辅助设计,现已开发出多种计算机软件,如 PCGENE 软件中的 PCR 引物设计程序等。

三、实验材料

1. 仪器

PCR 仪、离心机、移液枪、制冰机、电泳设备、核酸紫外检测仪等。

2. 器皿

0.2 mL PCR 反应管、移液枪枪头等。

3. 试剂

(1) 10′PCR 反应缓冲液:500 mmol/L KCl,100 mmol/L Tris-HCl(pH 9.0),15 mmol/L $MgCl_2$,0.1%明胶(W/V),1% Triton X—100。

(2) 4′dNTPs:dATP、dCTP、dGTP 和 dTTP(浓度均为 2 mmol/L)。

(3) Taq DNA 聚合酶:5U/μL(TaKaRa 公司或上海生工公司)。

(4) 模板 DNA:水稻基因组 DNA (0.1 μg/μL),其中含有一个 GUS 目的基因序列。

(5) 引物:

    P1:5′—CACACCGATACCATCAGAGATC—3′

    P2:5′—TCACCGAAGGGC ATGCCAGTCC—3′

两引物相距 410 bp,引物溶液浓度:25 pmol/μL。

(6) 无菌水、石蜡油、凝胶电泳上样缓冲液(0.4%溴酚蓝、50%蔗糖指示剂)、溴化乙锭溶液(剧毒)、1×TAE 凝胶电泳缓冲液、琼脂糖等。

四、实验方法

1. 准备 PCR 溶液

取 0.2 mL PCR 反应管一只,用微量移液枪按以下顺序分别加入各种试剂:

10×PCR 反应缓冲液	5 μL
4×dNTPs	2 μL
引物 P1	2 μL

引物 P2	2 μL
模板 DNA	1 μL(10ng)
Taq DNA 聚合酶	0.5 μL(2.5U)
无菌去离子水	50 μL

↓

用手指轻弹 PCR 反应管底部,使溶液混匀。

↓

在台式离心机中离心 2 秒以集中溶液于管底。

↓

加石蜡油 50 μL 封住溶液表面。

注:(1) Taq DNA 聚合酶的稀释:从装酶的离心管中取待用数量的酶于冰水浴的另一离心管中,加入等体积的酶稀释缓冲液,并用加样枪轻轻吸打数次即可;(2)模板 DNA 样品的稀释:从储存管中取出模板 DNA 样品原液,用 TE 缓冲液 10 倍稀释,置于冰浴中待用。

2．PCR 扩增反应

在 PCR 仪中设计如下反应程序:95 ℃、5 min;95 ℃、50 s,56 ℃、50 s,72 ℃、40 s,30 个循环;72 ℃、10 min。

↓

将已混匀的 PCR 反应管置于 PCR 仪的反应孔中,盖好盖子。

↓

进行反应。

反应完毕,将样品取出置于冰浴中待用。

3．结果检测

本 PCR 扩增的产物 DNA 片段长度为 410 bp,适合于在 1.5％琼脂糖凝胶中进行电泳检测。从每个反应管中取 5 μLPCR 产物进行电泳检测。

五、思考题

简述 PCR 原理。

实验十二　DNA 指纹图谱分析

一、实验目的

1. 掌握 DNA 指纹图谱技术的概念、原理和基本操作过程。
2. 学习 DNA 限制性酶切的基本技术。
3. 掌握琼脂糖凝胶电泳的基本操作技术,学习利用琼脂糖凝胶电泳测定 DNA 片段的长度,并能对实验结果进行分析。

二、实验原理

1984 年英国莱斯特大学的遗传学家 Jefferys 及其合作者首次将分离的人源小卫星 DNA 用作基因探针,同人体核 DNA 的酶切片段杂交,获得了由多个位点上的等位基因组成的长度不等的杂交带图纹。这种图纹极少有两个人完全相同,故称为"DNA 指纹",意思是它同人的指纹一样是每个人所特有的。DNA 指纹的图像在 X 光胶片中呈一系列条纹,很像商品上的条形码。DNA 指纹图谱开创了检测 DNA 多态性(生物的不同个体或不同种群在 DNA 结构上存在着差异)的多种多样的手段,如 RFLP(限制性内切酶酶切片段长度多态性)分析、串联重复序列分析、RAPD(随机扩增多态性 DNA)分析等等。各种分析方法均以 DNA 的多态性为基础,产生具有高度个体特异性的 DNA 指纹图谱。由于 DNA 指纹图谱具有高度的变异性和稳定的遗传性,且仍按简单的孟德尔方式遗传,成为目前最具吸引力的遗传标记。

DNA 指纹具有下述特点:(1)高度的特异性:研究表明,两个随机个体具有相同 DNA 图形的概率仅 3×10^{-11};如果同时用两种探针进行比较,两个个体完全相同的概率小于 5×10^{-19}。全世界人口约 70 亿,即 7×10^9,因此,除非是同卵双生子女,否则几乎不可能有两个人的 DNA 指纹的图形完全相同。(2)稳定的遗传性:DNA 是人的遗传物质,其特征是由父母遗传的。分析发现,DNA 指纹图谱中几乎每一条带纹都能在其双亲之一的图谱中找到,这种带纹符合经典的孟德尔遗传规律,即双方的特征平均传递 50% 给子代。(3)体细胞稳定性:即同一个人的不同组织如血液、肌肉、毛发、精液等产生的 DNA 指纹图形完全一致。

1985 年 Jefferys 博士首先将 DNA 指纹技术应用于法医鉴定。1989 年该技术获美国国会批准,作为正式法庭物证手段。DNA 指纹技术也已经成为我国警方侦破疑难案件的常规技术。DNA 指纹技术具有许多传统法医检查方法不具备的优点,如可从数年前的精斑、血迹样品中提取出 DNA 来做分析;如果用线粒体 DNA 检查,时间还将延长。此外千年古尸的鉴定,在俄国革命时期被处决的沙皇尼古拉的遗骸,以及最近在前南地区的一次意外事故中机毁人亡的已故美国商务部长布朗及其随行人员的遗骸鉴定,都采用了 DNA 指纹技术。

此外,它还在人类医学中被用于个体鉴别、确定亲缘关系、医学诊断及寻找与疾病联锁的遗传标记;在动物进化学中可用于探明动物种群的起源及进化过程;在物种分类中,可用于区分不同物种,也有区分同一物种不同品系的潜力。在作物的基因定位及育种上也有非常广泛的应用。

DNA 指纹图谱法的基本操作:从生物样品中提取 DNA(DNA 一般都有部分的降解),运用 PCR 技术扩增出高可变位点(如 VNTR 系统,串联重复的小卫星 DNA 等)或者完整的基因组 DNA,然后将扩增出的 DNA 酶切成 DNA 片断,经琼脂糖凝胶电泳,按分子量大小分离后,转移至尼龙滤膜上,然后将已标记的小卫星 DNA 探针与膜上具有互补碱基序列的 DNA 片段杂交,用放射自显影便可获得 DNA 指纹图谱。

琼脂糖凝胶电泳是分离、鉴定和纯化 DNA 片段的常规方法。利用低浓度的荧光嵌入染料-溴化乙锭进行染色,可确定 DNA 在凝胶中的位置。如有必要,还可以从凝胶中回收 DNA 条带,用于各种克隆操作。琼脂糖凝胶的分辨能力要比聚丙烯酰胺凝胶低,但其分离范围较广。用各种浓度的琼脂糖凝胶可以分离长度为 200 bp 至近 50 kbp 的 DNA。长度 100 kb 或更大的 DNA 可以通过电场方向呈周期性变化的脉冲电场凝胶电泳进行分离。

在基因工程的常规操作中,琼脂糖凝胶电泳应用最为广泛。它通常采用水平电泳装置,在强度和方向恒定的电场下进行电泳。DNA 分子在凝胶缓冲液(一般为碱性)中带负电荷,在电场中由负极向正极迁移。DNA 分子迁移的速率受分子大小、构象、电场强度和方向、碱基组成、温度和嵌入染料等因素的影响。

三、实验材料和试剂

1. DNA 样品

犯罪现场 DNA 样品(CS)、嫌疑犯 1 DNA 样品(S_1)、嫌疑犯 2 DNA 样品

(S_2)、嫌疑犯 3 DNA 样品(S_3)、嫌疑犯 4 DNA 样品(S_4)、嫌疑犯 5 DNA 样品(S_5)。

2. 化学试剂和溶液

(1)DNA 样品反应缓冲液:100 mM Tris,200 mM NaCl,20 mM $MgCl_2$,2 mM DTT,pH 8.0

(2)EcoR Ⅰ 限制性内切酶

(3)Pst Ⅰ 限制性内切酶

(4)电泳缓冲液(50×TAE)

    Tris 242 g

    冰醋酸 57.1 mL

    EDTA(0.5mol/L pH 8.0) 100 mL

    使用时用蒸馏水稀释 50 倍

(5)样品缓冲液(DNA sample loading dye)

    0.25% 溴酚蓝

    0.25% 二甲苯青

    40%(W/V)蔗糖

(6)溴化乙锭(EB) 10 mg/mL

(7)琼脂糖(agarose 电泳级)

(8)DNA 分子量标记物:Lambda Hind Ⅲ DNA markers

3. 仪器设备和消耗品

电泳仪、电泳槽、样品梳、微波炉、水浴锅、移液器(10 μL,200 μL,1 000 μL)、离心管、一次性枪头(200 μL,1 000 μL)。

四、实验步骤

1. DNA 样品的制备

采集生物检测样本,在弱碱和螯合剂存在条件下进行组织匀浆,溶解细胞或细胞核膜;利用阴离子去垢剂和蛋白酶,在 37 ℃孵化数小时,消化蛋白质,分离 DNA;使用有机溶剂如苯酚、氯仿等除去残余蛋白质,萃取 DNA;用乙醇或某些盐类从溶液中沉淀 DNA。

由于一般采集的样本中的 DNA 都有不同程度的降解,需先采用 PCR 技术扩增出完整的基因组 DNA 或者特定的高可变位点,以此制备出 DNA 样品备用。

2. DNA 样品的酶切反应

设置 DNA 样品的双酶切反应,按下列顺序加样(体积:μL):

	反应管	对照管
样品 DNA	10	10
反应缓冲液(10×)	2	2
双蒸水	6	8
E. cor I	1	0
Pst I	1	0
总体积	20	20

加完反应液,温和混匀,置于 37 ℃水浴中反应 1 小时,取出备用。

3. 酶切产物的琼脂糖电泳

(1)在 100 mL 电泳缓冲液(1 TAE 或 0.5 TBE)中加入 1 g 琼脂糖,加热熔化。注意观察,当心煮沸的液体溢出! 当凝胶冷却至 60 ℃左右时加入 5 μL 溴化乙锭溶液(终浓度为 1 μg/mL),充分混匀。

(2)先用透明胶带封固胶托边缘,放好梳子,然后再倒入凝胶(凝胶厚度在 5 mm 左右)。

(3)在凝胶完全凝固后(室温放置 30~45 min),小心移去梳子和透明胶带,将凝胶放入电泳槽中,加入电泳缓冲液(液面超过胶带约 2~3 mm)。

(4)取已制备好的酶切 DNA 样品,加入 1/5 样品缓冲液,充分混匀。用移液器将样品小心地加入点样孔。在不同的点样孔中,分别加入 DNA 分子量标记物,对照管以及酶切 DNA 样品管各 5~10 mL。

(5)盖上电泳槽,打开电源并调节电压(通常用 50~100 V),电泳 40~60 min(注意:DNA 样品从负极向正极泳动)。

4. 结果观察与分析

关闭电源,取出凝胶,在紫外灯下观察 DNA 的迁移位置,并讨论实验结果。判断 CS 与哪一个 DNA 样品是同一个样品,找出罪犯。

五、注意事项

(1)酶切时,应尽量减少反应中的加水量以使反应体系减到最小,但要确保酶体积不超过反应总体积的十分之一,否则限制酶活性将受到甘油的抑制。

(2)进行酶切消化时,先将除酶以外的所有反应成分加入后再从冰箱中取出酶,并应放置于冰上。每次取酶时都应换一个无菌吸头。操作要尽可能快,用完后立即将酶放回冰箱。

(3)溴化乙锭是一种强烈的致癌物质,使用时必须戴手套。实验结束后,含溴化乙锭的凝胶要进行净化处理。

实验十三　分子遗传标记技术

一、分子标记技术简介

分子标记是指利用现代分子生物学技术揭示 DNA 序列的遗传多态性,即生物个体或种群间基因组中某种差异特征的 DNA 片段。它直接反映基因组 DNA 间的差异。

分子标记大多以电泳谱带的形式表现,可分为三大类。第一类是以分子杂交为核心的分子标记技术,包括限制性片段长度多态性标记(Restriction fragment length polymorphism,简称 RFLP 标记)、DNA 指纹技术(DNA Finger printing)、原位杂交(In situ hybridization)等;第二类是以聚合酶链式反应(Polymerase chain reaction,简称 PCR)为核心的分子标记技术,包括随机扩增多态性 DNA 标记(Random amplification polymorphism DNA,简称 RAPD 标记)、简单序列重复标记(Simple sequence repeat,简称 SSR 标记)或简单序列长度多态性标记(Simple sequence length polymorphism,简称 SSLP 标记)、扩增片段长度多态性标记(Amplified fragment length polymorphism,简称 AFLP 标记)、序列标签位点标记(Sequence tagged sites,简称 STS 标记)、序列特征化扩增区域(Sequence charactered amplified region,简称 SCAR 标记)等;第三类是一些新型的分子标记,如:单核苷酸多态性标记(Single nuleotide polymorphism,简称 SNP 标记)、表达序列标签标记(Expressed sequences tags,简称 EST 标记)等。

1. RFLP

该技术由 Grodzicker 等于 1974 年创立。特定生物类型的基因组 DNA 经某一种限制性内切酶完全酶解后,会产生分子量不同的同源等位片段,或称限制性等位片段。RFLP 标记技术的基本原理就是通过电泳的方法分离和检测这些片段。凡是可以引起酶解位点变异的突变,如点突变(新产生和去除酶切位点)和一段 DNA 的重新组织(如插入和缺失造成酶切位点间的长度发生变化)等均可导致限制性等位片段的变化,从而产生 RFLP。

该技术包括以下基本步骤:DNA 提取;用 DNA 限制性内切酶消化;凝胶电泳分离限制性片段;将这些片段按原来的顺序和位置转移到易操作的滤膜上;用

放射性同位素或非放射性物质标记的 DNA 作探针与膜上的 DNA 杂交（称 Southern 杂交）；放射性自显影或酶学检测显示出不同材料对该探针的限制性酶切片段多态性。

RFLP 标记的主要特点有：(1)遍布于整个基因组，数量几乎是无限的；(2)无表型效应，不受发育阶段及器官特异性限制；(3)共显性，可区分纯合子和杂合子；(4)结果稳定、可靠；(5)DNA 需求量大，检测技术繁杂，难以用于大规模的育种实践中。

2. RAPD

由 Williams 等于 1990 年创立。其基本原理与 PCR 技术一致。

PCR 技术是一种体外快速扩增特异基因或 DNA 序列的方法，由 Mullis 等于 1985 年首创。该技术在试管中建立反应体系，经数小时后，就能将极微量的目的基因或某一特定的 DNA 片段扩增数百万倍。其原理与细胞内发生的 DNA 复制过程相类似，首先是双链 DNA 分子在邻近沸点的温度下加热时分离成两条单链 DNA 分子，然后 DNA 聚合酶以单链 DNA 为模板，并利用反应混合物中的四种脱氧核苷三磷酸(dNTPs)合成新生的 DNA 互补链，以上过程为一个循环。每一个循环的产物可以作为下一个循环的模板，经过 20～30 个循环后，介于两个引物间的特异 DNA 片段就以几何级数得以大量复制。

RAPD 标记技术就是用一个(有时用两个)随机引物(一般 8～10 个碱基)非定点地扩增基因组 DNA，然后用凝胶电泳分开扩增片段。遗传材料的基因组 DNA 如果在特定引物结合区域发生 DNA 片段插入、缺失或碱基突变，就有可能导致引物结合位点的分布发生相应的变化，导致 PCR 产物增加、缺少或发生分子量变化。若 PCR 产物增加或缺少，则产生 RAPD 标记。

RAPD 标记的主要特点有：(1)不需 DNA 探针，设计引物也无需知道序列信息；(2)显性遗传(极少数共显性)，不能鉴别杂合子和纯合子；(3)技术简便，不涉及分子杂交和放射性自显影等技术；(4)DNA 样品需求量少，引物价格便宜，成本较低；(5)实验重复性较差，结果可靠性较低。

3. AFLP

由 Zabeau 和 Vos 于 1993 年发明。AFLP 标记是选择性扩增基因组 DNA 酶切片段所产生的扩增产物的多态性，其实质也是显示限制性内切酶酶切片段的长度多态性，只不过这种多态性是因扩增片段的长度不同被检测出来。该技术结合了 RFLP 的稳定性和 PCR 技术的简便高效性，同时又能克服 RFLP 带型少、信息量小以及 RAPD 技术不稳定的缺点。其基本技术原理和操作步骤如下：首先用限制性内切酶酶解基因组 DNA，形成许多大小不等的随机限制性片段；接着在这些片段的两端连接上特定的寡聚核苷酸接头（Oligo nuleotide adapter);然后根据接头序列设计引物,由于限制性片段太多,全部扩增则产物难以在胶上分开,为此在引物的 3′端加入 1～3 个选择性碱基,这样只有那些能与选择性碱基配对的片段才能与引物结合,成为模板被扩增,从而达到对限制性片段进行选择扩增的目的;最后通过聚丙烯酰胺凝胶电泳将这些特异性的扩增产物分离开来。

AFLP 标记的主要特点有:(1)由于 AFLP 分析可以采用的限制性内切酶及选择性碱基种类、数目很多,该技术所产生的标记数目是无限多的;(2)典型的 AFLP 分析每次反应产物的谱带在 50～100 条之间,所以一次分析可以同时检测到多个座位,且多态性极高;(3)表现共显性,呈典型孟德尔式遗传;(4)分辨率高,结果可靠;(5)目前该技术受专利保护,用于分析的试剂盒昂贵,实验条件要求较高。

4. SSR

由 Moore 等于 1991 年创立。SSR 也称为微卫星(microsatellite)DNA,是一类由几个(多为 1～5 个)碱基组成的基序(motif)串联重复而成的 DNA 序列,其长度一般较短,广泛分布于基因组的不同位置,如$(CA)n$、$(AT)n$、$(GGC)n$ 等重复。不同遗传材料重复次数的可变性,导致了 SSR 长度的高度变异性,这一变异性正是 SSR 标记产生的基础。尽管微卫星 DNA 分布于整个基因组的不同位置,但其两端序列多是保守的单拷贝序列,因此可以根据这两端的序列设计一对特异引物,通过 PCR 技术将其间的核心微卫星 DNA 序列扩增出来,利用电泳分析技术就可获得其长度多态性,即 SSR 标记。

SSR 标记的主要特点有:(1)数量丰富,广泛分布于整个基因组;(2)具有较多的等位性变异;(3)共显性标记,可鉴别出杂合子和纯合子;(4)实验重复性好,结果可靠;(5)由于创建新的标记时知道重复序列两端的序列信息,因此其开发有一定困难,费用也较高。

5. STS

由 Olson 于 1989 年开发成功。STS 是指基因组中长度为 200～500 bp,且核苷酸顺序已知的单拷贝序列,通过 PCR 可将其专一扩增出来。其基本原理是,依据单拷贝的 RFLP 探针、微卫星序列、Alu 因子等两端序列,设计合适的引物进行 PCR 扩增,电泳显示扩增产物多态性。有时扩增产物还需要特定的限制性内切酶酶解后才能表现出多态性。目前用于 STS 引物设计的主要是 RFLP 探针。

STS 标记的主要特点有:(1)标记来源广,数量多;(2)共显性遗传,可区分纯合子和杂合子;(3)技术简便,检测方便;(4)与 SSR 标记一样,开发依赖于序列分析及引物合成,成本较高;(5)多态性常常低于相应的 RFLP 标记。这是因为 STS 仅仅检测该引物所分布区域的片段差异或酶切位置差异,而 RFLP 标记的多态性往往可能是探针以外区域的差异,而这一部分差异无法转化成 STS 标记的多态性。

6.染色体原位杂交

染色体原位杂交技术是 DNA 探针与染色体上的 DNA 杂交,并在染色体上直接进行检测的分子标记技术。目前发展最快的是荧光素标记的原位 DNA 杂交技术,即荧光原位杂交技术(fluorescence in situ hybridization,简称 FISH 技术),是利用与荧光素分子偶联的单克隆抗体与抗原标记的探针分子特异性的结合来检测 DNA 序列在染色体上的位置。用作植物染色体原位杂交的探针因研究目的不同有许多种,主要有:用于物种起源和亲缘关系研究的物种专化 DNA 序列或外源物种总基因组 DNA;用来构建染色体物理图谱的低拷贝或单拷贝序列;用于转基因植物鉴定的含目的基因的 BAC 和 YAC 克隆。

原位杂交技术的基本步骤为:制备探针;染色体制片;染色体处理与变性;染色体与探针杂交;显微检测。

染色体原位杂交技术比较简便,结果直观;但其灵敏度和分辨率很大程度上依赖于制片技术和观察设备,一般实验室无法满足需要。

分子标记技术目前主要应用于植物分子遗传图谱的构建、遗传多样性分析与种质鉴定、重要性状基因定位与图位克隆、转基因生物鉴定、分子标记辅助育种等方面。

二、SSR 技术

1.实验目的

利用现代分子生物学技术揭示 DNA 序列的遗传多态性,即建立 DNA 水平上的遗传标记,为分子遗传图谱的构建、遗传多样性分析与种质鉴定、重要性状基因定位与图位克隆、转基因生物鉴定、分子标记辅助育种等研究奠定实验技能基础。

通过实验了解和掌握利用 SSR 分子标记检测植物基因组 DNA 的遗传多态性的基本原理和实验方法。

2.实验原理

SSR:根据 SSR 两端保守的单拷贝序列设计一对特异引物,通过 PCR 技术将其间的核心微卫星 DNA 序列扩增出来,利用电泳分析技术就可获得其长度多态性。每个 SSR 座位两侧一般是相对保守的单拷贝序列,扩增每个位点的微卫星 DNA 序列,再经聚丙烯酰胺凝胶电泳,比较扩增带的带型,就可检测到不同个体在某个 SSR 座位上的多态性。

3. 实验仪器

离心机、移液器(100～1 000 μL,10～50 μL)、PCR 仪、垂直板电泳设备。

4. 实验试剂

$MgCl_2$、引物、dNTP、10×PCR 缓冲液、DNA 聚合酶、无菌去离子水。

5. 实验方法

(1)将 200 μL 离心管、模板 DNA、引物、dNTP、10 × buffer、无菌去离子水和 DNA 聚合酶置于冰上溶解。

(2)依次向无菌的 200 μL 离心管中加入如下成分,轻轻混匀,离心去除气泡。

模板 DNA	20～60 ng
$MgCl_2$	15～40 nmol
引物	(各)2～8 pmol
dNTP	1～5 nmol
PCR 缓冲液	1X
DNA 聚合酶	1～5 U
Total	20 μL

(3)将离心管置于 PCR 仪中,按照以下程序进行 PCR 反应。

94 ℃	2 min	
94 ℃	50 s	
50～65 ℃	30 s	35 个循环
72 ℃	90 s	
72 ℃	7 min	
4 ℃	∞	

(4)变性聚丙烯酰胺凝胶电泳:利用聚丙烯酰胺凝胶检测 SSR－PCR 结果。SSR－PCR 扩增产物可能仅仅存在几个碱基的差异,通常采用聚丙烯酰胺凝胶(银染体系)电泳方法检测。相对于琼脂糖凝胶电泳而言,聚丙烯酰胺凝胶电泳能够更好地区分微小片断的差异,检出的等位基因位点更多,多态性信息含量值较高,因此适用于 SSR 标记的结果检测。两种银染检测体系是在聚丙烯酰胺凝胶电泳结束后,用固定剂将核酸固定到凝胶上,使银染剂中的银离子与核酸牢固结合,再通过还原剂将银离子还原而发生显色反应。

6. 注意事项

由于 SSR 技术是基于 PCR 的一种分子标记,所以模板 DNA、DNA 聚合酶、dNTP 以及 Mg^{2+} 的浓度等因素会影响 SSR 的结果。如果参与反应的某些因子条件不适合,就会导致图谱弥散状背景的产生、扩增产物的消失以及电泳谱带位置的改变。改进反应条件的措施主要有:

(1)保证 DNA 模板的质量。DNA 模板的质量直接影响到 PCR 的效果,要求模板中的蛋白质、糖及其他杂质含量低。

(2)不同引物的退火温度应根据引物的退火温度而略有变动。

(3)设置模板 DNA、DNA 聚合酶、dNTP 以及 Mg^{2+} 的浓度梯度。

三、AFLP 技术

1. 实验目的

学习和掌握 AFLP 分子标记技术的原理、操作方法和实验注意事项,了解 AFLP 分子标记技术在分子辅助育种中的应用。

2. 实验原理

基因组 DNA 用两种限制性内切酶进行双酶切,形成分子量大小不等的限制性酶切片段,然后把酶切片段与有共同黏性末端的人工接头连接,连接后的黏性末端序列和接头序列作为 PCR 反应引物的结合位点,通过 PCR 反应对酶切片段进行预扩增和选择性扩增。由于限制性片段太多,全部扩增则产物难以在胶上分开,为此在引物的 3' 端加入 1~3 个选择性碱基,这样只有那些能与选择性碱基配对的片段才能与引物结合,成为模板被扩增,从而达到对限制性片段进行选择扩增的目的;最后通过聚丙烯酰胺凝胶电泳将这些特异性的扩增产物分离开来。

3. 仪器设备

离心机、培养箱、微量移液器、制冰机、离心机、PCR 仪。

4. 实验试剂

Mse I,EcoR I,10×酶切缓冲液,Mse I 接头,EcoR I 接头,T4-连接酶,Mse I 引物,EcoR I 引物,dNTP,10× PCR 缓冲液,DNA 聚合酶。Mse I 引物 II,EcoR I 引物 II,dNTP,无菌去离子水。

5. 实验方法

(1)接头的设计

AFLP 接头是双链的寡核苷酸,其设计遵循随机引物的设计原则,可采用

premier 5.0 软件设计。人工接头 5′端去磷酸化，这样接头只有一端可以被连接到酶切片段的末端。

AFLP 接头一般由两部分组成：即核心序列和限制性内切酶识别序列，通常采用 EcoRⅠ和 MseⅠ两个限制性内切酶进行酶切操作。

AFLP 接头构成

引物名称	5′端核心序列	酶切位点序列	3′选择性延伸序列
EcoRⅠ引物	5—GACTGCGTACC	AATTC	NNN—3
MseⅠ引物	5—GATGAGTCCTGAG	TAA	NNN—3

（2）引物的设计

AFLP 引物的设计主要由接头的设计决定，其长度一般为 16～20 个碱基，AFLP 引物的 5′端是与接头序列相对应的。AFLP 引物的一个重要特征是所有引物都起始于 5′—G 残基。值得注意的是，无论 5′端是何种碱基，dNTP 浓度过低时都容易产生双链结构。3′端选择性碱基一般不超过 3 个＊6，当引物带有 1～2 个选择性碱基时，引物的选择较好；当选择性碱基增加到 3 个时，引物的选择特异性仍可接受；当引物的选择性碱基增加到 4 个时，引物与模板的错配率增加，扩增特异性下降，会出现原指纹图谱中未出现的条带。对于双酶切反应而言，引物组合数共有（2n）种，n 为选择碱基的数目。

引物主要由 3 部分组成即 5′端核心序列、酶切位点序列、3′端选择性延伸序列（以 EcoRⅠ引物和 MseⅠ引物为例，下同）。

（3）基因组 DNA 酶切

为了便于灵活地调节扩增片段的大小，一般采用两种限制性内切酶消化基因组 DNA。一种是切点少的内切酶，如具有 6 碱基识别位点的 EcoRⅠ，它产生较大的 DNA 片段；一种是切点多的内切酶，如具有 4 碱基识别位点的 MseⅠ，它产生较小的 DNA 片段。由 EcoRⅠ和 MseⅠ酶切产生三种基因组片断：MseⅠ—MseⅠ片段，EcoRⅠ—EcoRⅠ片段，EcoRⅠ—MseⅠ，其中 EcoRⅠ—MseⅠ为主要酶切产物。

① 将 200 μL 离心管、模板 DNA、MseⅠ、EcoRⅠ、10×buffer、无菌去离子水置于冰上溶解。

② 依次向无菌的 200 μL 离心管中加入各成分，加水至终体积为 20 μL。轻轻混匀，离心去除气泡。

组分	DNA 模板	MseⅠ	EcoRⅠ	10×Buffer
用量	100 ng	2U	2U	2 μL

③ 37 ℃恒温培养箱酶切 2～4 h。

（4）接头的连接

将 MseⅠ接头、EcoRⅠ接头、T_4-连接酶和无菌去离子水置于冰上溶解。依次向无菌的 200 μL 离心管中加入如下成分，加水至终体积为 20 μL。轻轻混匀，离心去除气泡。

组分	酶切液	EcoRⅠ接头	MseⅠ接头	T_4-连接酶
用量	10 μL	50 pmol	50 pmol	6 U

37 ℃恒温连接 16 h。

（5）DNA 样品的预扩增

DNA 样品预扩增是为了充分利用连接产物，同时获得较多扩增产物，为进一步筛选扩增引物提供保障。预扩增引物在设计时选择性碱基通常为一个。

① 将 MseⅠ引物Ⅰ、EcoRⅠ引物Ⅰ、10 × PCR 缓冲液、dNTP、DNA 聚合酶和无菌去离子水置于冰上溶解。

② 依次向无菌的 200 μL 离心管中加入如下成分，加水至终体积为 50 μL。轻轻混匀，离心去除气泡。

连接后样品	5 μL
引物	各 10 ng
dNTP	10 nmol
PCR 缓冲液	1X
DNA 聚合酶	2.5 U

③ 按照如下程序进行 PCR 反应。

94 ℃	2～5 min	
94 ℃	30 s	
56 ℃	60 s	35 个循环
72 ℃	60 s	
72 ℃	7 min	
4 ℃	∞	

④ 琼脂糖凝胶电泳检测：取 20 μL 预扩增产物和 5 μL 上样缓冲液混合后在 0.8 ％琼脂糖凝胶中检测预扩增的效果，样品用 0.1X TE 稀释 20 倍，－20 ℃保存。

（6）DNA 样品的扩增

预扩增产物需稀释到一定倍数才能进行选择性扩增，否则会产生类似

"smear"的现象,具体的稀释倍数视预扩增结果而定。

① 将 $10 \times$ PCR 缓冲液、Mse I 引物 II、EcoR I 引物 II、dNTP、DNA 聚合酶和无菌去离子水置于冰上溶解。

② 依次向无菌的 200 μL 离心管中加入如下成分,加水至终体积为 20 μL。轻轻混匀,离心去除气泡。

稀释的预扩增产物	5 μL
引物	各 25 ng
dNTP	4 nmol
PCR 缓冲液	1X
DNA 聚合酶	1 U

③ 按照如下反应条件进行 PCR 反应。

94 ℃	2 min	
94 ℃	30 s	
65 ℃	30 s	12 个循环,每个循环
72 ℃	60 s	退火温度降低 0.7 ℃
94 ℃	30 s	
56 ℃	30 s	35 个循环
72 ℃	60 s	
4℃	∞	

④ 变性聚丙烯酰胺凝胶电泳检测扩增结果。

6. 注意事项

(1)基因组 DNA 应具有较好的纯度。

(2)内切酶的选择应慎重。

(3)要确定适宜的酶切时间,酶切时间太长浪费时间,酶切时间太短则 PCR 产物大片段较多,带型密集,不易分辨。另外,必须保证基因组 DNA 酶切完全,否则会影响最终实验结果。

(4)制作聚丙烯酰胺凝胶时,胶平板应格外清洁,否则残留去污剂会导致银染时产生褐色背景或在灌胶时产生气泡,从而影响 DNA 分子条带的形状(如使条带成锯齿形)与迁移方向。

(5)进行聚丙烯酰胺凝胶电泳时,注意样品要变性完全。如若样品变性不充分,样品孔内会有很深的条带。电泳前必须完全冲洗干净点样孔中的尿素和未聚合的丙烯酰胺。如孔中残留有尿素,跑出的条带会发虚,丙烯酰胺的残留则会使带弯曲。

7. 实验作业

(1)AFLP 接头的组成。设计接头时应考虑哪些因素？

(2)选择内切酶要考虑哪些问题？

实验十四　人类一些遗传性状(疾病)的调查分析

人类单基因遗传的性状或疾病在上下代之间的传递遵循孟德尔定律,如ABO血型、苯硫脲尝味能力、眼睑的单与双、耳垂的有或无、能卷舌和不能卷舌及额前发际的形状等均属于单基因控制的性状,在一个大的群体中,通过调查分析这些性状,可以对该群体的某一基因频率及基因型频率做出估计。

一、苯硫脲尝味实验

(一)实验原理

苯硫脲(phenylthiocarbamide,PTC)是一种白色结晶状药物,由于其含有N—C＝S基团而有苦涩味,但对人无毒副作用。不同种族、民族和个体对该物质的尝味能力不同,人体对苯硫脲的尝味能力是由一对等位基因(Tt)所控制的性状,T对t为不完全显性。正常尝味者能尝出浓度小于1/750 000 PTC溶液的苦味,为纯合尝味者,基因型为TT;而Tt基因型的个体(杂合子)尝味能力稍低,只能尝出浓度为1/50 000～1/400 000的PTC溶液的苦涩味,这种个体为PTC杂合尝味者;当PTC浓度大于1/24 000时才能尝出其苦味的人,称为PTC味盲,基因型为tt,有的味盲个体甚至对PTC结晶也尝不出苦味来。人类对PTC的尝味能力属于不完全显性遗传(半显性遗传),而且已知纯合体味盲(tt)者容易患结节性甲状腺肿,因此,可以把PTC的尝味能力作为一种辅助性诊断指标。我国汉族人群中,PTC味盲约占10%。

(二)器材和试剂

1.器材

试管、试管架、滴管。

2.试剂

PTC溶液的配制:取PTC粉末0.65 g,加蒸馏水500 mL摇匀,在室温下放置1～2 d即完全溶解成原液。PTC原液的浓度约为1/750。PTC尝味使用液的配制:将PTC原液编为1号液,将1号液用蒸馏水稀释1倍编为2号液,将2

号液再稀释一倍编为 3 号液,依此类推,直至配成 14 号 PTC 溶液,14 号液浓度为 1/6 000 000。将配好的 14 种不同浓度的 PTC 溶液分别置于消毒好的瓶内。

(三)操作程序

1. 让受试者坐在椅子上,仰头张嘴。首先用滴管滴 5~10 滴 14 号液于舌根部,让受试者徐徐下咽品味,并用蒸馏水做对照试验。

2. 询问受试者能否鉴别此两种溶液的味道,若不能鉴别或不能断定,则依次用 13 号、12 号……溶液重复试验(应注意与蒸馏水交替测试),直到明确鉴别出 PTC 的苦味为止。

3. tt 基因型的阈值范围为 1~6 号液,Tt 基因型的阈值范围为 7~10 号液,TT 基因型的阈值范围为 11~14 号液。为简化操作程序,也可只用 6、7、10、11 和 13 号 5 种溶液进行测试,尝不出 6 号苦味者为 tt 基因型,尝出 7 号和 10 号液的苦味者为 Tt 基因型,尝出 11 号者为 TT 基因型。

4. 统计所测人员的测试结果,按 Hardy—Weinberg 定律计算出所测人群中 PTC 尝味基因的基因型频率和基因频率。

(四)注意事项

注意 PTC 尝味试验所用滴管在滴液体时,不要接触受试者的口腔。

二、人类 ABO 血型检测方法

(一)实验原理

血型是人体的遗传性状,人类 ABO 血型是红细胞血型系统中的一种,受一组复等位基因(IA、IB、i)控制。人类的红细胞表面有 A 和 B 两种抗原,血清中有抗 B(β)和抗 A(α)两种天然抗体,依抗原和抗体存在的情况,可将人类的血型分为 A、B、AB 和 O 四种。

由于 A 抗原只能和抗 A 结合,B 抗原只能和抗 B 结合,可以利用已知的 A 型标准血清(即 A 型人的血清,又叫抗 B 血清)和 B 型标准血清(即 B 型人的血清,又叫抗 A 血清)来鉴定未知血型,两种标准血清内所含的每一种抗体都将凝集含有相应抗原的红细胞。因此一种血液其红细胞在 A 型标准血清中发生凝集者为 B 型,在 B 型标准血清中凝集者为 A 型,在两种标准血清中都凝集者为 AB 型,在两种标准血清中都不凝集者为 O 型。

(二)器材和试剂

1.器材

显微镜、双凹玻片或普通载玻片、采血针、青霉素小瓶、胶布、记号笔、牙签或小玻棒、棉球、小镜子。

2.试剂

A 型(抗 B)和 B 型(抗 A)标准血清、70％酒精、0.9％生理盐水。

(三)操作程序

一般实验室常用的方法有试管法与玻片法。试管法的优点是敏感,较少发生假凝集;玻片法则简便易行,但玻片法如控制不好,易发生不规则的凝集现象。本实验用玻片法。

1.取一清洁的双凹玻片(或用普通载玻片用玻璃蜡笔画出方格代替),两端上角分别用记号笔或胶布注明 A 和 B 及受试者姓名,然后分别用吸管吸取 A 和 B 型标准血清各一滴,滴入相应凹格(或方格)内。

2.用 70％酒精棉球消毒受试者的耳垂或指端,待酒精干后,用无菌的采血针刺破皮肤,用吸管取 1~2 滴血放入盛有 0.3~0.5 mL 生理盐水的青霉素小瓶中,用吸管轻轻吹打成约 5％的红细胞生理盐水悬液。

3.在玻片的每一凹格(或方格)内分别滴一滴制好的红细胞悬液(注意滴管不要触及标准血清),然后立即用牙签或小玻棒分别搅拌液体,使血球和标准血清充分混匀。

4.在室温下每隔数分钟轻轻晃动玻片几次,以加速凝集,等 10~30 min 后观察有无凝集现象。若混匀的血清由混浊变为透明,出现大小不等的红色颗粒,表示红细胞已凝集;若仍呈混浊状,无颗粒出现,则表明无凝集现象;若观察不清可用显微镜在低倍镜下观察。若室温过高,可将玻片放于加有湿棉花的培养皿中,以防干涸;室温过低可将玻片置于 37 ℃恒温箱中,以促其凝集。

5.根据 ABO 血型检查结果,判断自己及受检者的血型。

(四) 注意事项

标准血清必须有效;红细胞悬液不宜过浓或过稀;反应时间及温度要适中,应注意辨别假阴性和假阳性。

三、其他一些性状的调查实验

1. 卷舌性状的调查

在人群中有的人能够卷舌(tongue rolling),即舌的两侧能在口腔中向上卷成槽形,甚至卷成筒状,称为卷舌者(tongue roller),受显性基因(T)控制,有的人则不能卷舌,见图14-1。观察受检者或对镜观察自己是否具有卷舌能力,并对自己的家族进行调查,绘制系谱图,确定该性状的遗传方式。

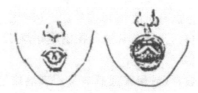

图14-1 卷舌(左)与非卷舌(右)

2. 眼睑性状的调查

人的眼睑(eyelid)可分为单重睑(俗称单眼皮,又叫上睑赘皮)和双重睑(俗称双眼皮)两种性状。一些人认为双眼皮受显性基因控制,为显性性状;单眼皮为隐性性状。关于这类性状的性质和遗传方式,目前尚有争论,还有待进一步研究。调查一下自己家族中有关成员的眼睑情况,并绘制成系谱图,分析其遗传方式。

3. 耳垂性状的调查

依个体不同,耳朵可明显区分为有耳垂(free ear lobe)与无耳垂(attached ear lobe)两种情况,见图14-2。该性状是受一对等位基因控制的,有耳垂为显性性状,无耳垂为隐性性状。调查你的家庭各成员的耳垂性状是否符合孟德尔式遗传,调查受检人群中无耳垂出现的频率。

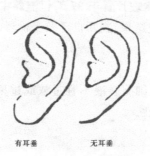

有耳垂　　　　无耳垂

图14-2 有耳垂(左)与无耳垂(右)

4. 额前发际的调查

在人群中,有些人前额发际(hair line of the forehead)基本上属于平线,有些人在前额正中发际向下延伸呈峰形,即明显地向前突出,形成 V 字形发尖,称寡妇尖(widow's peak),见图 14—3。这种特征属显性遗传。调查受检人群中有哪些人前额发际呈峰形,记为"V",平线者记为"一"。

图 14—3 前额"V"形发尖

5. 发式和发旋的调查

人类的发式有卷发和直发之分。东方人多为直发,为隐性性状,卷发则为显性性状;每个人头顶稍后方的中线处都有一个螺纹(有的人不止一个),其螺纹方向受遗传因素控制,顺时针方向者为显性性状,逆时针方向者为隐性性状。调查家族中有关成员的发式和发旋性状是否符合孟德尔式遗传。调查统计受检人群中不同个体的发式和发旋情况。

6. 拇指端关节外展的调节

在人群中有的人拇指的最后一节能弯向桡侧,与拇指垂直轴线呈 60°角(图14—4)。该性状呈隐性遗传,即该性状的纯合隐性个体的拇指端可向后弯曲60°。调查受检人群中哪些人有此性状,统计该性状出现的频率。

图 14—4 拇指端关节超伸展

7. 达尔文结节的调查

耳轮边缘上的一个小突起称为达尔文结节(Darwinian point)或称为达尔文耳点(Darwin's ear point)。人群中有的人两个耳朵上都有此结节,有的个体仅一个耳朵有,也有的人无此性状。一般认为该性状为显性遗传性状,有的人虽具有这个显性基因,但是由于该性状外显率低,呈现出类似于隐性性状的遗传。调查受检人群中该结节出现的频率。

实验十五　苯硫脲尝味群体的遗传学调查

一、实验目的

1. 测定人群中 PTC 尝味基因的表现型和基因型，理解孟德尔遗传基因型与表现型的对应关系。

2. 了解酶切扩增多态序列（cleaved amplified polymorphic sequence，CAPS）（又称为 PCR－RFLP）技术的原理，学会用 CAPS 技术检测单核苷酸多态性，在分子水平上测定 PTC 尝味的基因型。

3. 计算群体中 PTC 尝味的基因频率，判断群体是否达到 Hardy-weiberg 平衡。

二、实验原理

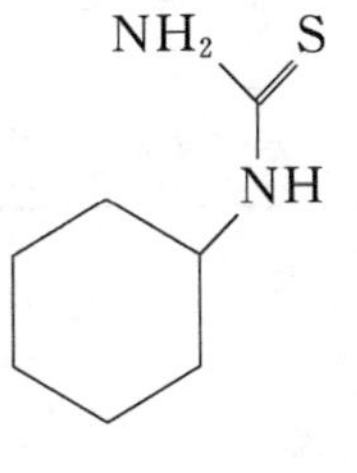

图 15－1　苯硫脲结构图

苯硫脲（phenylthiocarbamide，PTC）是硫脲的苯基衍生物（如图 15－1），为白色结晶粉末，因含有硫代酰胺基（N－C＝S）官能团而有苦涩味。能尝出 1/750 000～1/50 000 PTC 浓度溶液味道的人（苦涩味，少数人感到甜味）称为苯硫脲"尝味者"，只能尝出 PTC 浓度大于 1/24 000 溶液的味道（甚至对 PTC 的结晶物也尝不出苦味）的人称为苯硫脲"味盲者（nontaster）"。PTC 尝味能力是受单基因控制的孟德尔遗传性状，是由位于 7 号染色体上（7q35－7q36）的一种苦味味觉感受器基因 TAS2R38 决定的，属于常染色体不完全显性遗传。尝味者中显性基因 T 的纯合子（TT）能尝出 1/750 000～1/6 000 000 的 PTC 溶液的苦味，杂合子（Tt）只能尝出 1/480 000～1/380 000 的 PTC 溶液的苦味。

因此,可以利用对 PTC 的尝味能力测定家族中的基因传递和人群中的基因频率。

人类的 PTC 尝味基因(Homo sapiens taste receptor, type2, member38, TAS2R38)(NM_176817),又名 PTC、T2R38 或 T2R61。绝大多数尝味者与味盲者的区别在于三处单核苷酸多态性(single nucleotide polymorphisms, SNPs):一处是 145 位,味盲者为 G145(编码丙氨酸 Ala),尝味者为 C145(编码脯氨酸 Pro);第二处是 785 位,味盲者为 T785(编码缬氨酸 Val),尝味者为 C785(编码丙氨酸 Ala);第三处在 886 位,味盲者为 A886(编码异亮氨酸 Ile),尝味者为 G886(编码缬氨酸 Val)。因此味盲者 PTC 多肽中三处对应的氨基酸分别是 Ala49、Val262 和 Ile262,被称为 AVI 等位基因,而尝味者的三处是 Pro49、Ala262 和 Val262,被称为 PAV 等位基因(15-2,15-3)。味盲者的 PTC 编码区有五个限制性内切酶 Fnu4H1 的识别位点(识别序列 5′-GC↓NGC-3′),如果是尝味者,则其第 785 位 SNP 恰好形成了一个额外的 Fnu4H1 识别位点(GCTGC)。因此可以利用这个 SNP 造成的限制性位点多态性,设计引物扩增包含 785 位 SNP 位点的 PTC 基因编码区的一部分,然后用 Fnu4H1 切割扩增产物,根据是否能把扩增产物切开而判定是某个人的单倍型(haplotype)。

三、实验技术路线

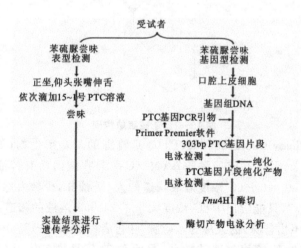

图 15-2 人类 PTC 尝味基因实验技术路线图

四、实验步骤

(一)实验前讲解

讲解实验目的、实验原理、实验技术路线；实验方法及注意事项；主要仪器设备使用方法、注意事项：(1)提前一周讲解，给学生准备时间。(2)讲解口腔上皮细胞总 DNA 的快速提取、基因 PCR 扩增、DNA 电泳、PCR 产物纯化、DNA 酶切、遗传学分析等实验方法及注意事项。(3)讲解高压蒸气灭菌锅、高速离心机、小型瞬时离心机、电泳仪、水平电泳槽、涡旋振荡器、磁力搅拌器、电子天平、PCR仪、微波炉、紫外分光光度计、电磁炉、恒温水浴锅、恒温干热仪、凝胶成像仪、制冰机、超净工作台、通风橱、恒温振荡摇床、37 ℃培养箱、pH 计、微量移液器、冰箱、−80 ℃超低温冰箱等主要仪器设备以及必需的电脑软件的使用方法、注意事项。

(二)PTC 尝味能力的测定

1.实验材料

(1)主要仪器设备

高压蒸气灭菌锅、磁力搅拌器、电子天平、超净工作台、恒温水浴锅、冰箱。洁净、经 121 ℃高压灭菌 20 min 的容量瓶、量筒、烧杯、螺口试剂瓶、一次性医用无菌 PE 手套、乳胶手套、塑料滴管、一次性纸杯、记号笔。

(2)试剂和材料

①材料：受试者为全体修读遗传学大实验的学生。

②试剂：苯硫脲(PTC)结晶，娃哈哈纯净水。

(3)溶液配制

①原液(1 号液)：称取 PTC 结晶 0.65 g，加娃哈哈纯净水 500 mL，在室温(20 ℃左右)下溶解 1～2 d(经常摇晃，或 60 ℃水浴中 1 h 充分溶解)，PTC 浓度约为 1/750，过滤灭菌。

②稀释液：用娃哈哈纯净水逐级稀释原液 2～14 倍，编为 2～14 号(见下表)。将配好的 14 种浓度的 PTC 溶液，过滤灭菌，分别置于灭菌过的 100 mL螺口试剂瓶中另取娃哈哈纯净水作为第 15 号液。

编号	1	2	3	4	5	6	7	8	9	10	11	12	13	14	15
浓度	750	1 500	3 000	6 000	12 000	24 000	48 000	96 000	192 000	384 000	768 000	1 536 000	3 072 000	6 144 000	纯净水

2. 实验方法

(1)让受试者正坐,仰头张嘴伸舌,用滴管滴 2～3 滴 15 号液于受试者舌根部,让受试者慢慢咽下,反复咂嘴品味液体尝味,然后用纯净水做同样的试验,交替给受试者尝味,避免因受试者的臆测而影响结果的准确。

(2)询问受试者能否鉴别此两种溶液的味道。

(3)若不能鉴别或鉴别不准,则依次用 14～1 号溶液重复试验,直到能明确鉴别出 PTC 的苦味为止。

(4)重复尝味 3 次,3 次结果相同时,才是可靠。

(5)记录所品出苦味的液体的编号和稀释浓度。

(三)人口腔上皮细胞总 DNA 的提取

1. 实验材料

(1)主要仪器设备

高压蒸汽灭菌锅、磁力搅拌器、电子天平、超净工作台、恒温水浴锅、涡旋振荡器、高速离心机、恒温振荡摇床、微量移液器、电磁炉、冰箱、-80 ℃超低温冰箱、计时器、pH 计。洁净、经 121 ℃高压灭菌 20 min 的量筒,烧杯、螺口试剂瓶、牙签、1.5 mL 灭菌微量离心管、微量移液器吸头(枪头)、离心管架、一次性医用无菌 PE 手套、乳胶手套、口罩,记号笔。

(2)试剂和材料

①材料:每实验小组选取 1 名受试者,用灭菌牙签刮取口腔上皮细胞。

②试剂:灭菌水,pH 标准液,细胞基因组 DNA 提取试剂盒。

(3)实验方法

(1)在 1.5 mL 灭菌微量离心管中加入 100 μL 灭菌水。

(2)受试者用无菌牙签轻刮口腔腮内侧,刮下来的细胞在灭菌水中漂洗。

(3)涡旋振荡器涡旋振荡混匀 10 s。

(4)离心机瞬时离心 10 s。

(5)沸水浴中煮沸 5 min。

(6)离心机 13 200 r/min 离心 2 min。

(7)基因组 DNA 4 ℃保存备用。

(四)PCR 扩增 PTC 基因片段

1. 实验材料

(1)主要仪器设备

高压蒸汽灭菌锅、高速离心机、小型瞬时离心机、涡旋振荡器、PCR 仪、pH

计、制冰机、超净工作台、微量移液器、冰箱、－80 ℃超低温冰箱。洁净、经 121 ℃高压灭菌 20 min 的 1.5 mL 灭菌微量离心管，PCR 管，微量移液器吸头（枪头），离心管架，PCR 管架，一次性医用无菌 PE 手套，塑料饭盒，记号笔。

（2）试剂和材料

①材料：每实验小组受试者口腔上皮细胞基因组 DNA。

②试剂：Taq DNA 聚合酶，dNTPs，灭菌超纯水，Tris 碱，Na_2 EDTA · $2H_2O$，pH 标准液（pH 7.0）。PCR 引物委托上海生工生物技术有限公司合成，预期扩增产物 303 bp。

上游引物：hPTC Forward 5′－aactggcagaataaagatctcaatttat－3′

下游引物：hPTC Reverse 5′－aacacaaaccatcacccctatttt－3′

（3）溶液配制

①PCR 引物储存液：将装有引物干粉的离心管 13 200 r/min 离心 20 s，按照引物合成报告单的说明，在超净台中加入适量 TE 缓冲液，溶解引物配制成 100 μM 浓储液。

②PCR 引物工作液：取 10 μL PCR 引物储存液，灭菌水稀释至 100 μL，配制成 10 μM 工作液。

③TE 缓冲液：10 mmol/L Tris HCl pH 8.0，1 mmol/L EDTA pH 8.0。

2. 实验方法

（1）从制冰机中盛取碎冰（0 ℃），从冰箱中取出所需试剂，在碎冰中解冻。

（2）将试剂在涡旋振荡器上涡旋振荡混匀 10 s。

（3）13 200 r/min 离心 10 s。

（4）在碎冰上按照以下配方和顺序在 PCR 管中配制 PCR 缓冲液（为保持酶活性，及 PCR 扩增的特异性和效率，应始终在低温下配制）。

灭菌超纯水 31.5 μL

10×PCR Buffer(Mg^{2+} free) 5.0 μL

25 mM $MgCl_2$ 3.0 μL

10 mM dNTPs 1.0 μL

10 μM hPTC Forward Primer 1.0 μL

10 μM hPTC Forward Primer 1.0μL

Taq DNA 聚合酶 1.0 μL

（建议多位学生合配以上混合液，然后分装 43.5 μL）

受试者口腔上皮细胞基因组 DNA 6.5 μL

总体积 50 μL

（5）盖盖后用手指轻弹管壁，混匀液体，13 200 r/min 离心 10 s（将液体甩到离心管底部）。

(6)在管上做好标记后放入 PCR 仪中(等待其他学生一起运行)。

(7)按下述程序设定运行 PCR 仪。

94 ℃	94 ℃	55 ℃	72 ℃	72 ℃	4 ℃
预变性 5 min	变性 30 s	退火 30 s	延伸 30s	延伸 10 min	无限

40 个循环

(8)PCR 产物 4 ℃ 保存备用。

(五)PTC 基因 PCR 扩增产物的电泳检测

1. 实验材料

(1)主要仪器设备

高速离心机、小型瞬时离心机、电泳仪、水平电泳槽、电子天平、微波炉、凝胶成像仪、制冰机、超净工作台、通风橱、微量移液器、冰箱、－80 ℃ 超低温冰箱。洁净、经 121 ℃ 高压灭菌 20 min 的灭菌微量离心管,微量移液器吸头(枪头),离心管架,PCR 管架,三角瓶,一次性医用无菌 PE 手套,记号笔,保鲜袋,微波炉用手套,三角瓶,搪瓷盘。

(2)试剂和材料

①材料:受试者 PTC 基因 PCR 产物。

②试剂:Tris 碱、冰乙酸、$Na_2EDTA \cdot 2H_2O$、溴化乙锭、琼脂糖、Marker I。

(3)溶液配制

①50 TAE 电泳缓冲液(储存液,pH 约 8.5):Tris 碱 242 g,57.1 mL 冰乙酸,37.2 g $Na_2EDTA \cdot 2H_2O$,去离子水定容至 1 L。

②10 TAE 电泳缓冲液(工作液):取 50 mL TAE 电泳缓冲液,去离子水稀释 50 倍。

③0.5 mg/mL 溴化乙锭(EB)(1 000 储存液):50 mg 溴化乙锭溶于 100 mL dd water,4 ℃ 避光储存)。

④ 溴化乙锭(EB)工作液:0.5 mg/mL EB(1 000 储存液),去离子水稀释 1 000 倍(注:EB 为扁平分子,可以嵌入 DNA,为潜在诱变剂,接触时须戴一次性医用无菌 PE 手套,但也不是洪水猛兽,不小心溅到皮肤上时,不会被皮肤吸收只是停留在表面,用大量流水冲洗即可)。

2. 实验方法

(1)配制 1.2% 琼脂糖凝胶:称取 0.6 g 琼脂糖粉,放入三角瓶,加入 50 mL 1M TAE 电泳缓冲液,放入微波炉中加热,并不断取出混匀,注意观察烧瓶中的琼脂糖粉末,直至完全熔解(烫,戴手套)。50 mL 正好倒一块大胶。(切不可让胶溶液溢出到微波炉中!)

(2)将胶液置桌面上室温冷却至热但不烫手(50～60 ℃)。

(3)把梳子插到凝胶灌制模具的正确位置后缓缓倒入胶溶液,倒至与模具的矮边缘相平即可。在桌面上静置10～20 min待胶完全凝固(剩下的胶溶液封口后留待以后再熔化使用)后,小心拔出梳子,凝胶没入电泳槽电泳液中,凝胶上有样品孔的一侧要朝向电泳槽的负极。

(4)取1片光面纸,点5 mL灭菌水、2 mL加样缓冲液,再加入5 μL PCR产物制成10 μL DNA样品。

(5)在凝胶上选择相邻的加样孔。用10 μL的吸液头分别依次加入5 μL Marker I对照,各小组12 μL PCR产物电泳样品(互相比较)。

(6)根据电泳槽的长度把电泳仪的电压调至120 V(10 V/cm),电泳20～30 min(注意正负电极的位置连接正确)。

(7)把凝胶小心放入盛有EB的搪瓷盘中,染色10 min后,取出用自来水浸泡10 min。

(8)放入凝胶成像系统中拍照。

(六)PTC基因PCR产物酶切

1.实验材料

(1)主要仪器设备

高压蒸气灭菌锅、高速离心机、小型瞬时离心机、涡旋振荡器、磁力搅拌器、恒温水浴锅、恒温干热仪、制冰机、紫外分光光度计、微量移液器、冰箱、－80 ℃超低温冰箱。洁净、经121 ℃高压灭菌20 min的1.5 mL灭菌微量离心管,微量移液器吸头(枪头),离心管架,一次性医用无菌PE手套,塑料饭盒,记号笔。

(2)试剂和材料

①材料:受试者PTC基因PCR产物。

②试剂:限制性内切酶Fnu4H1。

2.实验方法

(1)提前2 h将恒温水浴锅或恒温干热仪(或恒温水浴锅)电源打开,调节工作温度稳定至37 ℃。

(2)从制冰机中盛取碎冰(0 ℃),从冰箱中取出所需试剂,在碎冰中解冻。

(3)将试剂在涡旋振荡器上涡旋振荡混匀10 s。

(4)瞬时离心10 s。

(5)取1 μL受试者PTC基因纯化DNA,用紫外分光光度计测定其260 nm、280 nm下的紫外吸光光度值,进行DNA定量分析。

(6)在碎冰上按照以下配方和顺序在1.5 mL微量离心管中配制酶切缓冲

液(为保持酶活性及 DNA 切割效率,始终在低温下配制)。

灭菌超纯水 补足 15 μL

10×酶切缓冲液 1.5 μL

5 units/μL Fnu4H1 1 μL

PTC 基因纯化 DNA 1 ng

(根据 DNA 定量结果加入适当体积溶液)

总体积 15 μL

(7)37℃ 恒温酶切过夜。

(8)酶切产物 4℃保存备用。

(七)PTC 基因酶切产物的电泳检测

1. 实验材料

(1)主要仪器设备

高速离心机、小型瞬时离心机、电泳仪、水平电泳槽、电子天平、微波炉、凝胶成像仪、制冰机、超净工作台、通风橱、微量移液器、冰箱、－80 ℃超低温冰箱。洁净、经 121℃高压灭菌 20 min 的微量灭菌离心管,微量移液器吸头(枪头),离心管架,三角瓶,一次性医用无菌 PE 手套,记号笔,保鲜袋,微波炉用手套,三角瓶,搪瓷盘。

(2)试剂和材料

①材料:受试者 PTC 基因酶切产物。

②试剂:Tris 碱,冰乙酸,Na_2EDTA · $2H_2O$,溴化乙锭,琼脂糖,Marker I。

2. 实验方法

(详见 4.5.2)

(1)配制 2‰琼脂糖凝胶:称取 1 g 琼脂糖粉,放入三角瓶,加入 50 mL 1 TAE 电泳缓冲液,放入微波炉中加热熔解,制胶。

(2)取 1 片光面纸,点 4 mL 灭菌水、1 mL 加样缓冲液,再加入 5 μL PCR 产物制成 10 μL 对照 DNA 样品(一块胶上点 1 个 PCR 产物对照即可)。

(3)向酶切产物(离心管中)中加入 3 mL 加样缓冲液,混匀。

(4)在凝胶上选择相邻的加样孔。用 10 μL 的吸液头分别依次加入 5 μL Marker I 对照,10 μL PCR 产物对照,各小组 10 uL 酶切产物电泳样品(互相比较)。

(5)70 V,电泳 60~70 min(注意正负电极的位置连接正确)。

(6)凝胶 EB 染色 10 分钟后,取出用自来浸泡 10 min。

(7)放入凝胶成像系统中拍照。

(八)实验结果遗传学分析

对照 DNA ladder Marker 的指示条带位置,查看 PCR 产物和酶切产物的泳道中各有几条带。PCR 产物预期只有一条约 300 bp 的带。酶切产物中如果只有一条与 PCR 产物同样位置的带,说明是 tt 纯合体(303 bp);如果只有两条带,一条暗淡,在前方较远处(64 bp),另一条明亮比 PCR 产物带稍靠前(238 bp),说明是 TT 纯合体;如果有三条带,一条明亮,与 PCR 产物位置相同,另一条比 PCR 产物带稍靠前,还有一条暗淡,在前方较远处,则说明是 Tt 杂合体。把该结果与此前的尝味结果(尝出苦味的 PTC 浓度)对比(见表 15—1)。综合全班的 PTC 基因型,计算基因频率,用 χ^2 检验本班群体是否处于遗传平衡。

表 15—1　PTC 尝味能力调查表

基因型	尝味能力	人数
TT		
Tt		
tt		
总计		

五、实验报告

查阅 PTC 尝味研究文献,按照科研论文的格式撰写实验论文,包括论文题目、摘要(中英文)、前言、材料与方法、结果、讨论、参考文献。

附录：

附录Ⅰ　普通光学显微镜的结构和使用

一、光学显微镜的类型

光学显微镜，简称显微镜或光镜，是利用光线照明使微小物体形成放大影像的仪器。400多年来，经不断改进，显微镜的结构和性能逐步完善，形成了品种繁多、型号各异的光学显微镜系列（附图1-1）。除了广泛使用的普通光镜外，还有相差显微镜、暗视野显微镜、荧光显微镜和倒置显微镜等具有特殊功能或用途的光镜。形形色色的光学显微镜虽然外形和结构差异较大，但其基本构造和工作原理是相似的。

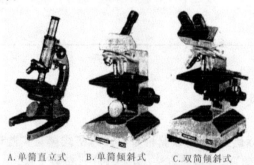

A.单筒直立式　　B.单筒倾斜式　　　C.双筒倾斜式

附图1-1　光学显微镜型号示例

二、光学显微镜的结构

1.机械系统

(1)镜筒：安装在光镜最上方或镜臂前方的圆筒状结构或方形结构，其上端装有目镜，下端与物镜转换器相连（图1-2）。

(2)物镜转换器：又称旋转盘，是安装在镜筒下方的一圆盘状结构，可以顺时针或逆时针方向旋转，其上均匀分布有3～4个圆孔，用以装载不同放大倍数的物镜。转动旋转盘可使不同的物镜到达工作位置（即与光路合轴），此时能听到"咔"的一声。

（3）镜臂：支持镜筒和镜台的弯曲状结构，是取用显微镜时握持的部位。

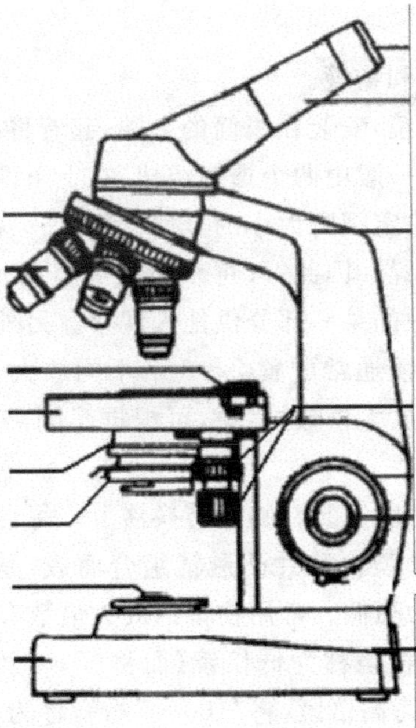

附图 1-2　普通化学显微镜的结构

（4）调焦器：也称调焦螺旋，是调节焦距的装置，位于镜柱的下端，左右对称各一套，分粗调螺旋（大螺旋）和细调螺旋（小螺旋）两种。粗调螺旋可使载物台以较快速度或较大幅度升降，能迅速调节好焦距，使物像呈现在视野中，适于低倍镜观察时的调焦。细调螺旋只能使载物台缓慢或较小幅度地升降，升或降的幅度不易被肉眼观察到，适用于高倍镜和油镜焦距的精细调节；也常用于观察标本的不同层次，一般在粗调螺旋调焦的基础上使用。

有些类型的光镜，在左侧粗调螺旋的内侧有一窄环，称为粗调松紧调节轮，其功能是调节粗调螺旋的松紧度。另外，在右侧粗调螺旋的内侧有一粗调限位凸柄，当用粗调螺旋调准焦距后向上推紧该柄，可使粗调螺旋限位，此时镜台不能继续上升，但细调螺旋仍可调节。

（5）载物台：也称镜台，是位于物镜转换器下方的方形平台，用于放置被观察的玻片标本。载物台的中央有圆形的通光孔，来自下方的光线经此孔照射到标本上。在载物台上装有标本移动器，也称推进器或推进尺，其上安装的弹簧夹用于固定玻片标本，载物台的左下方的两个螺旋可以移动推进器，可使玻片标本在水平面上前后左右移动，用来寻找目标。

（6）镜柱：是连接镜臂与镜座的短柱，其上有调焦器。

（7）镜座：位于最底部，是整台显微镜的基座，用于支持和稳定镜体。在镜座内装有照明光源。

2.光学系统

光学系统包括目镜和物镜。

(1)目镜:又称接目镜,安装在镜筒的上端,起着将物镜所放大的物像进一步放大的作用。每个目镜一般由两个透镜组成,在上下两个透镜(即接目透镜和会聚透镜)之间安装有能决定视野大小的金属光阑——视场光阑,此光阑的位置即是物镜所放大实像的位置。因此,可将一小段细金属丝或头发粘附在光阑上作为指针,用以指示视野中的某一部分供他人观察。另外,还可在光阑的面上安装目镜测微尺。每台显微镜通常配置2~3个不同放大倍数的目镜,如"5×""10×"和"15×"(数字表示放大倍数)目镜,可根据不同需要选择使用,最常使用的是"10×"目镜。

(2)物镜:也称接物镜,安装在物镜转换器上。每台光镜一般有3~4个不同放大倍数的物镜,每个物镜由数片凸透镜组合而成,是显微镜最主要的光学部件,决定着光镜分辨力的高低。常用物镜的放大倍数有"10×""40×"和"100×"等几种。一般将"10×"物镜称为低倍镜(而将"5×"及以下的叫作放大镜),将"40×"或"45×"物镜称为高倍镜,将"100×"物镜称为油镜(这种镜头在使用时其顶端需浸在香柏油中)。

在每个物镜的侧壁通常都标有能反映其主要性能的参数(附图1—3),主要有放大倍数和数值孔径(如10/0.25、40/0.65、100/1.25)、该物镜所要求的镜筒长度和标本上的盖玻片厚度(160/0.17,单位为mm)。另外,在油镜上还常标有"油"或"Oil"字样。

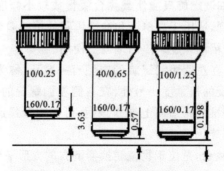

附图1—3 物镜的性能参数及工作距离

注:两箭头间的距离为工作距离,单位为mm。

物镜镜头与玻片标本之间的介质一般为空气。由于玻璃与空气的折光率不同,光线通过载玻片和空气进入物镜,部分光线产生折射而损失掉,导致进入物镜的光线减少,分辨率降低。而油镜用香柏油或石蜡油作为介质,香柏油或石蜡油折射率与玻璃近似(玻璃、香柏油和石蜡油的折射率分别为1.52、1.51和

1.46,空气为 1),可减少光线的折射,增加视野亮度,提高分辨率。物镜分辨率还和数值孔径有关,其数值越大,分辨率越高。

不同物镜有不同的工作距离。所谓工作距离是指显微镜处于工作状态(焦距调好、物像清晰)时,物镜最下端与玻片上表面之间的距离(图 1—3)。物镜的放大倍数与其工作距离成反比。当低倍镜被调节到工作距离后,可直接转换高倍镜,只需旋动细调螺旋,便可见到清晰的物像,这种情况称为同高调焦。不同放大倍数的物镜可从长短上加以区分,一般来说,低倍镜最短,油镜最长,而高倍镜的长度介于两者之间。

显微镜的放大倍数是目镜的放大倍数和物镜的放大倍数的乘积。

3. 照明系统

(1)聚光器:位于载物台通光孔的下方,由 2～3 个透镜组合而成,主要功能是将光线集中到所要观察的标本上,增加视野的亮度。在聚光器的左下方,有一调节螺旋,可使其上升或下降,从而调节光线的强弱。升高聚光器可使聚光作用增强,反之则聚光作用减弱。

(2)光圈:也称彩虹光阑或孔径光阑,位于聚光器的下端,是能够控制进入聚光镜光束大小的可变圆环结构。它由十几张金属薄片组合排列而成,其外侧有一小柄,可使光圈的孔径开大或缩小,以调节光线的强弱。有的显微镜光圈的下方还装有滤光片框,可放置不同颜色的滤光片。

(3)光源:包括电源线及其插头和灯泡及其开关。电源线在镜柱下面的镜座侧面,用时将其插头插入电源插座中。灯泡在镜座上面中央位置,其开关在镜座上镜柱底部的左侧(有的显微镜开关在镜柱上),可通过灯泡开关旋钮来调节光线亮度以适应不同的观察需要。

三、光学显微镜的使用方法

1. 准备工作和基本要求

取用显微镜时,一手握住镜臂,另一手托住镜座,将显微镜平稳地放置在实验台上,镜座后缘离桌台边缘约 5 cm。

用显微镜观察标本时,要求双眼同时睁开,双手并用;逐步养成左手调焦、右手移动标本或绘图记录的良好习惯。

2. 低倍镜的使用

(1)调光:打开显微镜光源,转动粗调螺旋,使载物台稍下降,调节物镜转换器,使低倍镜转到工作状态(即低倍镜头对准通光孔),当镜头完全到位时,可听到轻微的顿挫声。侧面观察的同时用粗调螺旋使镜台上升到离物镜约 1 厘米处。

打开光圈并使聚光器上升到适当位置(以聚光镜上端透镜平面稍低于载物台平面的高度为宜),然后双眼观察目镜,同时调节光源的亮度,使视野内的光线均匀、亮度适中。

(2)放片:取需要观察的玻片标本,先对着光线用肉眼观察标本的全貌和位置;再将其放置到载物台上,用推进器上的弹簧夹固定好,注意应使有盖玻片或有标签的一面朝上;然后,旋动推进器的螺旋,使需要观察的标本部位处于通光孔的中央位置。

(3)调焦:用眼睛从侧面注视低倍镜,同时用粗调螺旋使载物台上升,直至低倍镜头距玻片标本的距离约0.5cm(注意操作时必须从侧面注视镜头与玻片的距离,以避免镜头压坏玻片);然后,双眼观察目镜,同时慢慢转动粗调螺旋使载物台下降,直至视野中出现较清晰的物像为止;最后,转动细调螺旋,使视野中的物像更清晰。

如果需观察的物像不在视野中央,甚至不在视野内,可用推进器前后、左右移动标本片,使物像进入视野并移至中央。在调焦时,如果镜头与玻片的距离已超过了1 cm还未见到物像,应严格按上述步骤重新操作。

如果不能确定视野中的物像是目标物像,可先移动一下标本推进尺,如果视野中的物像不随之移动,说明此物像是目镜或物镜头表面上的异物,而不是要找的物像,应继续调焦或移动标本推进器。如果移动标本推进器,物像随之移动,①转动细调节器,使镜台细微上升,使标本上表面上的异物物像消失,进而出现真正要观察的标本物像;②如第①种方法仍不能看到真正的标本物像,可继续用粗调节器缓慢下降镜台,使标本上表面上的异物物像消失,直至看到真正的标本物像;③如果第①和第②种方法都不行,应重复调焦。

3. 高倍镜的使用

由于高倍镜放大倍数高于低倍镜,其观察视野小于低倍镜,所以在使用高倍镜前,应先用低倍镜寻找到需观察的物像,并将其移至视野中央,同时转动细调螺旋,使被观察的物像清晰。

转动物镜转换器,使高倍镜转到工作状态(高倍镜头对准通光孔),此时,视野中一般可见到不太清晰的物像,只需调节细调螺旋便可使物像清晰。

有时在低倍镜准焦状态下,直接转换高倍镜时会发生高倍镜镜头碰擦玻片,而使高倍镜不能转换到位的情况。此时不能硬转,应检查玻片是否放反、玻片是否过厚以及物镜是否松动等情况。

4. 油镜的使用

由于油镜镜头放大倍数高于高倍镜,与上述同样原理,油镜镜头观察视野小于高倍镜,所以用高倍镜找到所需观察的标本物像,并将需要进一步放大的部位移至视野中央。将聚光器上升至较高位置并将光圈开至最大(油镜所需光线较强),转动物镜转换器,移开高倍镜,在玻片标本上需观察的部位滴一滴香柏油作为介质,然后在眼睛的注视下,使油镜转至工作状态。此时油镜的下端应正好浸在油滴中或与油滴接触。

双眼注视目镜的同时小心而缓慢地转动细调螺旋,直至视野中出现清晰的物像。操作时不要过度转动细调螺旋,以免镜头下降压碎标本或损坏镜头。在观察时,如需同老师或同学讨论视野中的某一结构,可用推进器将该结构移至指针尖端处;如果镜中未装指针,可将视野看成一个周缘带有刻度的钟面,说明该结构位于钟面的几点钟位置(如3点、6点、9点、12点等)。

油镜使用结束后,必须及时将镜头上的油擦拭干净。擦拭前,应将镜筒升高约1 cm并将油镜头转离通光孔;擦试时,先用擦镜纸蘸少许二甲苯擦2次,再用干净的擦镜纸擦1次。至于玻片上的油,如果是有盖玻片的永久制片,可直接用上述擦油镜头的方法擦净;如果是无盖玻片的标本,则用拉纸法除去载玻片上的油,即先把一小片擦镜纸盖在油滴上,再往纸上滴几滴二甲苯,立即将纸往外上方提拉2~3次。如未擦净,应重复上述过程。

5.显微镜用后放置方法

显微镜使用结束后应及时复原,使其处于非工作状态:先下降载物台,取下标本片,物镜转离通光孔;然后,上升载物台,使物镜与载物台相接近;关闭光源,下降聚光器,关闭光圈。最后,将显微镜罩上防尘罩,放在实验台正中央。

6.显微镜使用注意事项

为了能看到、看清和不遗漏标本的物像,不损坏玻片标本和显微镜,培养良好的科学作风,使用显微镜时应注意严格按操作步骤使用:

用前放置 ─→ 检查 ─→ 调光 ─→ 放玻片标本 ─→ 低倍镜观察 ─→ 高倍镜观察 ─→ 油镜观察 ─→ 擦油(油镜头和玻片标本) ─→ 用后放置

(1)调整适当的视野亮度:根据标本材料的厚薄、折光性大小、染色的深浅和选用的物镜放大倍数调节视野的亮度。当标本材料厚、折光性小、染色深、物镜放大倍数高时,视野亮度应相对较大。反之视野亮度应较小。

(2)切勿放反玻片标本:放反标本时,虽不影响低倍镜观察,但转换高倍镜和油镜时不仅不能找到标本的物像,反而还极易损坏玻片标本和物镜镜头。

(3)牢记各种放大倍数物镜的工作距离:因为只有在工作距离附近调焦,才能找见标本物像,并能在用高倍镜和油镜时注意防止玻片标本和物镜镜头相碰而损坏。

(4)转换物镜时,必须手指握在物镜旋转盘的周缘上,严禁用手指勾动物镜,以防镜松动,甚至脱落。从相对低等倍数物镜转换用高等倍数物镜前,应将所需观察的标本物像移至视野的中心,并须在侧面观察的同时转动相对高等倍数的物镜至工作位置。

(5)眼睛注视目镜观察标本时,禁止用粗调节器上升镜台,以防物镜头与玻片标本相碰而损坏。用高倍镜和油镜时,只能用细调节器调焦,且只能正反转动2～3圈。如果不能找到或看不清标本物像,原因可能有:①物像未移到视野的中心;②用前一个物镜观察时,像未调得十分清楚(焦距未调准);③玻片标本放反了;④转换用的物镜镜头脏了;⑤转换用的物镜松动了。

(6)观察标本应全面,以便选择标本材料厚薄适宜、分散好、染色好和形态结构典型的部位观察,尤其是能防止遗漏有意义的物像。

(7)显微镜的光学和照明部分只能用擦镜纸擦拭;用完油镜后,一定将油镜镜头和标本擦干净。二甲苯有毒致癌,应尽量少用,用后应立即盖好瓶盖,放回原处或放在不易碰到和打碎的地方。

(8)显微镜应平拿平放。使用前和使用中不能随意拆卸显微镜的零部件,如发现玻片标本或显微镜的零件缺失或损坏等异常情况,应立即报告老师。

(9)观察显微镜时应将座椅高度调适当,上身应挺直而放松;双眼应同时注视目镜,不要将手放在眼睛或目镜的周围。

(10)显微镜用后必须关闭电源和照明灯开关,按要求放置,并认真如实填写显微镜使用卡。

附录Ⅱ　遗传学实验常用试剂的配制

一、百分数溶液的配制

百分比浓度有质量百分比、体积百分比和质量/体积百分比之分。

1.质量百分比浓度　质量百分比浓度是指 100 g 溶液中含有溶质的克数，也称重量百分数。

用公式表示为：

质量百分比浓度（w/W）％ ＝ ［溶质质量（g）/（溶质＋溶剂）质量（g）］×100％

2.体积百分比浓度　体积百分比浓度指 100 mL 溶液中含有溶质的体积。用公式表示为：

体积百分比浓度（v/V）％ ＝ ［溶质体积/溶液（＝溶质＋溶剂）体积］×100％

如 45％乙酸为：冰乙酸 45 mL＋蒸馏水 55 mL。

3.质量体积百分比浓度　质量体积百分比浓度指 100 mL 溶剂中含有溶质的质量（g），也叫重量体积百分比浓度。如 0.1％秋水仙碱为 0.1 g 秋水仙碱溶于 100 mL 蒸馏水中。

用体积计算的百分数溶液没有以质量计算的准确，但比较方便，如乙醇稀释法：以 95％乙醇作母液（不要用无水乙醇）稀释到所需浓度。

二、摩尔浓度溶液的配制

摩尔浓度是指 1 L 溶液中含有溶质的摩尔数。如 配 0.5 mol/L 蔗糖溶液，蔗糖分子量 $C_{12}H_{22}O_{11}$＝342.2 g，取 0.5 mol 蔗糖（171.1 g）溶解于适量蒸馏水中，定容至 1 000 mL 即成。

三、常用试剂的配制

(一)乙醇稀释

不同浓度的乙醇溶液,一般用 95％乙醇加蒸馏水稀释而成。例如:配 70％乙醇可取 95％乙醇 70 mL,加蒸馏水到 95 mL 即成。配 50％乙醇可取 70％乙醇 50 mL 加水至 70 mL 或取 95％乙醇 50 mL,加水至 95 mL。

以两种不同浓度的溶液配制所需浓度的溶液,可采用交叉稀释法。方法如下图所示:

甲液浓度(95％乙醇)↘　↗甲液需取量 mL(乙液与待配浓度之差＝15)

待配浓度(50％乙醇)

乙液浓度(35％乙醇)↗　↘乙液需取量 mL(甲液与待配浓度之差＝45)

交叉稀释法示意图

例如,用 95％乙醇和 35％的乙醇配制 50％乙醇。取 95％乙醇 15 mL,35％乙醇 45 mL 混合即成。其他溶液的配制与此相似。

(二)常用酸碱溶液的配制

配制溶液的浓度(mol/L)

名称 (分子式)	比重 (d)	含量 (w/W％)	配制溶液的浓度(mol/L)				配制方法
			6	2	1	0.5	
盐酸(HCl)	1.18~1.19	36~38	500	167	83	42	量取所需浓度酸,缓缓加入适量水中,并不断搅拌,待冷却后定容至 1 L
硝酸(HNO$_3$)	1.39~1.40	65.0~68.0	381	128	64	32	同盐酸
硫酸(H$_2$SO$_4$)	1.83~1.84	95.0~98.0	334	112	56	28	同盐酸
磷酸(H$_3$PO$_4$)	1.69	85	348	108	54	27	同盐酸
冰乙酸 (CH$_3$COOH)	1.05	70	500	167	83	42	同盐酸
氢氧化钠 (NaOH)	2.1	40	240	80	40	20	称取所需试剂,溶于适量水中,不断搅拌,冷却后用水稀释至 1 L
氢氧化钾 (KOH)	2.0	56.11	339	113	56.5	28	同氢氧化钠

注:表中数据配制 1 L 溶液所需要的毫升数(固体试剂为克数)。其他浓度的配制可按表中数据按比例折算。

（三）固定液配制

1. 卡诺氏（Carnoy's）液　作组织及细胞固定用,渗透力极快。

卡诺氏Ⅰ:冰乙酸(V)：无水乙醇(V)＝1：3

卡诺氏Ⅱ:冰乙酸(V)：无水乙醇(V)：氯仿(V)＝1：6：3

这两种固定液渗透、杀死迅速,固定作用很快,植物根尖固定约需 15 min,花粉囊约 1 h,若固定时间太长(超过 48 h)则会破坏细胞。固定液中的纯酒精固定细胞质,冰醋酸固定染色质,并可防止由于酒精而引起的高浓度收缩和硬化。Ⅰ液适合于植物,Ⅱ液适合于动物,也使用于植物。Ⅰ液对玉米和高粱很适宜。对小麦则Ⅱ液更好。有时在材料已经固定大约 30 min 后加几小滴氯化低铁的含水饱和液于固定液中可助染体染色。可用甲醇代替乙醇并对黑麦效果很好。大大超过被固定组织数量的固定液常使固定效果更好。

2. 甲醇冰乙酸固定液　作动物细胞或组织固定用,效果很好。

甲醇(V)： 冰乙酸(V)＝3：1。

3. 福尔马林乙酸乙醇固定液(FAA)　又称标准固定液,或万能固定液。用于形态解剖研究,对染色体观察效果较差,此液兼作保存液,材料可长期存放。

用于动物的配方为:50％乙醇(柔软材料用,坚硬材料用 70％乙醇)90 mL,冰乙酸 5 mL,福尔马林[$HO(CH_2O)nH$]5 mL。

用于植物胚胎的配方为:50％乙醇 89 mL,冰乙酸 6 mL,福尔马林 5 mL。

4. Lichent 固定液　适于丝状藻类及一般菌类的固定。

配方:1％铬酸(H_2CrO_4)水溶液(g/V％)80 mL,冰乙酸 5 mL,福尔马林15 mL。

（四）预处理液配制

1. 1％秋水仙碱母液　称 1 g 秋水仙碱或取原装 1 g 秋水仙碱,先用少量酒精溶解,再用蒸馏水稀释至 100 mL,冰箱贮藏备用。其他浓度的秋水仙碱溶液可以此稀释得到。

2. 0.002 mol/L 8-羟基喹林　取 0.002 mol 的 8-羟基喹林溶于 100 mL 蒸馏水中。

3. 饱和对二氯苯溶液　在 100 mL 蒸馏水中加对二氯苯直至饱和状态。

（五）解离液配制

1. 盐酸乙醇解离液　95％乙醇与浓盐酸各一份混合而成。根尖细胞制片中,用于溶解果胶质。

2. 1％果胶酶与纤维素酶混合液　果胶酶 1 g,纤维素酶 1 g,溶于 100 mL

蒸馏水中。

3.2％纤维素酶和 0.5％果胶酶混合液　纤维素酶 2 g,果胶酶 0.5 g,溶于 100 mL 0.1 mol/L 乙酸钠缓冲液(pH＝4.5)中。

(六)脱水剂配制

1.乙醇　最常用的脱水剂。处理材料时从低浓度乙醇向高浓度移动,最后到无水乙醇中使水分完全脱去。各级乙醇浓度一般从 50％→75％→85％→95％→无水乙醇,也可从 10％→30％→50％直到 100％,视材料要求而定。

2.正丁醇　可与水及乙醇混合,使用后很少引起组织块的收缩与变脆。

3.叔丁醇　作用同正丁醇,但效果更好,因价格昂贵,一般少用。材料经乙酸压片后,可逐步过渡到正(叔)丁醇中,如:10％乙酸→40％乙酸→正(叔)丁醇＋冰乙酸(1∶1)→正(叔)丁醇。压片时如用 45％乙酸,则可只用后两步。

(七)透明剂配制

1.二甲苯　应用最广,作用迅速。如材料水分未脱尽,遇二甲苯后,会发生乳状混浊。为避免材料收缩,应从无水乙醇逐步过渡到二甲苯中,即从无水乙醇→无水乙醇＋二甲苯(1∶1)→二甲苯。

2.氯仿　可用来代替二甲苯,比二甲苯挥发快,渗透力较弱,材料收缩小,能破坏染色,已染色的切片不宜使用。

(八)封藏剂配制

1.加拿大树胶(Canada Balsam)　为常用的封藏剂,其溶剂视透明剂而定,用二甲苯透明的,以二甲苯溶解;用正丁醇透明的,可溶于正丁醇。但绝不能混入水及乙醇。

2.油派胶　有无色和绿色两种胶液,材料脱水到无水乙醇(或 95％乙醇)后,即可用此胶封藏。

3.甘油胶　优质白明胶 1 g,溶于 6 mL 热蒸馏水中(40～50 ℃),加 7 mL 甘油后,滴入 2～3 滴石炭酸防腐,过滤,可长期贮存。用时取一小部分,微热,熔化。

附录Ⅲ 遗传学实验常用染色液的配制

1.醋酸洋红染液

取 45％的乙酸溶液 100 mL,放入锥形瓶,加热至沸,移去火源,徐徐加入 0.5 ～2 g 洋红,煮沸约 5 min 或回流煮沸 12 h,冷却后过滤,再加 1％～2％铁明矾水溶液数滴,直到此液变为暗红色不发生沉淀为止。也可悬入一小铁钉,过一分钟取出,使染色剂中略具铁质,增强染色性能。滤液放入棕色瓶中盖紧保存,并避免阳光直射。此染液为酸性,适用于涂抹片,染色体染成深红色,细胞质染成浅红,长久保存不褪色。

2.丙酸洋红染液

丙酸洋红与醋酸洋红的配制过程相同,仅以 45％的丙酸代替 45％的醋酸。丙酸比醋酸更易溶解洋红,且细胞质着色比醋酸洋红浅。

3.醋酸地衣红染液

取冰乙酸 45 mL,加热至近沸腾,徐徐加入 0.5 ～2 g 地衣红,用玻璃棒搅动,微热至染料完全溶解,冷却后加入蒸馏水 55 mL,振荡,过滤。滤液放入棕色瓶中保存。该染液使染色体着色的效果比醋酸洋红更好,但易溶于乙醇,对用乙醇保存的材料要尽量除净乙醇。

4.卡宝品红(改良石炭酸品红,改良苯酚品红)染液

先配成 3 种原液,再配成染色液。

原液 A:取 3 g 碱性品红溶于 100 mL 的 70％乙醇中(可长期保存)。

原液 B:取原液 A10 mL,加入 90 mL 的 5％石炭酸水溶液(限 2 周内使用)。

原液 C:取原液 B 45 mL,加冰乙酸和福尔马林(37％甲醛)各 6 mL(可长期保存)。

染色液:取原液 C10～20 mL,加 45％的乙酸 80～90 mL,再加山梨醇 1.8 g,配成的 10％～20％的石炭酸品红液,一般两周以后使用着色能力显著加强。该染色液的浓度可根据需要而变更,淡染或长时间染色可用 2％～10％的浓度,浓染可用 30％浓度,再用 45％乙酸分色。山梨醇为助渗剂兼有稳定染色液的

作用,不加山梨醇也可以,但着色效果略差。此液具有醋酸洋红染色方便的优点,还具有希夫试剂只对核和染色体染色的优点,且染色效果稳定可靠。此液适用于动植物各种大小的染色体、体细胞染色体和减数分裂染色体,并具有相当牢固的染色性能。保存性好,室温下两年不变质。

5.铁矾苏木精染液

分别配制甲、乙两液,染色前配合使用。

甲液[4%硫酸铁铵(铁明矾)水溶液]:4 g 铁明矾,溶于 100 mL 水中(现配现用,保持新鲜,铁明矾为紫色结晶,若为黄色则不能用)。

乙液(0.5%苏木精水溶液)(用前 6 周配制):取 0.5 g 苏木精溶于 5 mL 95%乙醇中,充分溶解,制成 10%苏木精乙醇溶液,贮藏于阴凉处,可保存3~6个月,使用时再加蒸馏水至 100 mL。

甲液、乙液不能混合,须分别使用。

此液可显示染色体、染色质、核仁、线粒体、中心粒和肌纤维横纹等,使其呈深蓝色甚至黑色。

6.希夫试剂及漂洗液

附表 3-1　希夫染液及漂洗液配方

	1 mol/L 盐酸	10 mL
希夫试剂	碱性品红	0.5 克
	偏重亚硫酸钠(钾)	1 克
	中性活性炭	0.5 克
漂洗液	1 mol/L 盐酸	5 mL
(现配现用)	10%偏重亚硫酸钠(钾)	5 mL
	蒸馏水	100 mL

希夫试剂的配制方法:将 100 mL 蒸馏水加热至沸,移去火源,加入 0.5 g 碱性品红再继续煮沸 5 min,并随加随搅拌。冷却到 50 ℃过滤到棕色瓶中,此时加入 1 mol/L 盐酸 10 mL。再冷却到 25 ℃时加 1 g 偏重亚硫酸钠(钾),同时振荡一下,闭封瓶口,置暗处过夜,次日取出,液体应成淡黄色或无色。若颜色过深,加 0.5 g 中性活性炭,剧烈振荡 1 分钟,过滤后于 4 ℃冰箱保存(或置阴凉处),并外包黑纸,以防长期暴露在空气中加速氧化而变色。如不变色可继续使用,如变为淡红色可再加少许偏重亚硫酸钠(钾)转为无色方可使用,出现白色沉淀不可再用。

7. 醋酸－铁矾－苏木精

0.5 g 苏木精溶于 100 mL 45％冰醋酸中,用前取 3～5 mL,用 45％冰醋酸稀释 1～2 倍,加入铁矾饱和液(溶于 45％醋酸中)1～2 滴,染色液由棕黄变为紫色,立即使用,不能保存。

8. 丙酸－水合氯醛－铁矾－苏木精染色液

分别配制 A、B 两贮备液,染色前配合使用。

A 液:2 g 苏木精溶于 100 mL 50％的丙酸中(可长期保存)。

B 液:0.51 g 铁矾溶于 100 mL 50％的丙酸中(可长期保存)。

染色液:将 A、B 两液按 1∶1 的比例混合,每 5 mL 混合液加入 2 g 水合氯醛,存放一天后使用。此染色液只能用一个月,半月内效果最好,故不宜多配。

9. Giemsa 染液

一般先配成原液长期贮存,使用前根据需要用缓冲液将原液稀释,最好现配现用。

Giemsa 原液:Giemsa 粉 1 g;甘油 33 mL ;甲醇 45 mL。

在研钵内先用少量甘油与 Giemsa 粉混合,研磨至无颗粒为止,再将余下的甘油倒入,56 ℃恒温水浴中保温 2 h,再加入 45 mL 甲醇,充分搅拌,用滤纸过滤,于棕色细口瓶中保存,越久越好。使用时根据染色对象和目的配制不同浓度的使用液,一般用 1∶10 的 Giemsa 染液。

1∶10 的 Giemsa 染液:取 10 mL Giemsa 原液,加 0.025 mol/L PBS 缓冲液 100 mL,充分混匀。现配现用最好,或避光保存。

10. 硫堇紫染液

硫堇紫原液:1 g 硫堇溶解在 100 mL 50％的乙醇中;

硫堇紫染液:取硫堇原液 40 mL ,加 28 mL Michaelis 缓冲液(pH 5.7±0.2)和 32 mL 0.1 mol/L 的 HCl,混匀。

11. 1％ IKI 溶液

取 2 g KI 溶于 5 mL 蒸馏水中,加入 1 g 碘,待其溶解后再加入 295 mL 蒸馏水,保存于棕色瓶中。

附录IV　遗传学实验常用缓冲液的配制

1. 0.025 mol/L PBS 缓冲液(pH=6.8)

称取 KH_2PO_4 3.4 g,溶解于 800 mL 蒸馏水中,用 5%～10% 的 NaOH 调 pH 值到 6.8,加蒸馏水定容至 1 000 mL。

2. 0.1 mol/L PBS 缓冲液(pH=6.8)

甲液(0.2 mol/L 磷酸氢二钠溶液):$Na_2HPO_4 \cdot 2H_2O$ 35.61 g (或 $Na_2HPO_4 \cdot 7H_2O$ 53.65 g,或 $Na_2HPO_4 \cdot 12H_2O$ 71.64 g)溶于适量蒸馏水中,定容至 1000 mL。

乙液(0.2 mol/L 磷酸二氢钠溶液):$NaH_2PO_4 \cdot H_2O$ 27.60 g(或 $NaH_2PO_4 \cdot 2H_2O$ 31.21 g)溶于适量蒸馏水中,定容至 1 000 mL。

使用液:取甲液 24.5 mL、乙液 25.5 mL,加蒸馏水定容至 1 000 mL。

3. Michaelis 缓冲液(pH=5.7)

取 $CH_3COONa \cdot 3H_2O$ 19.4 g,巴比妥钠 29.4 g,溶于 800 mL 煮沸后的蒸馏水中,冷却后定容至 1 000 mL。

4. 0.1 mol/L 乙酸钠缓冲液(pH=4.5)

乙酸钠 2.95 g 溶于适量蒸馏水中,加冰乙酸 3.8 mL 调 pH 至 4.5,加蒸馏水定容至 1 000 mL。

附录Ⅴ　植物组织培养基本培养基的配制

一、植物组织培养培养基(用于花药培养诱导植物单倍体)

最常用的植物组织培养基本培养基有 MS、Miller、N6 和 B5 等(其成分列于下页表中),按表中的分组先配制成一定浓度的母液,再用母液来配制培养基。

(一)培养基母液配制

1. 大量元素母液　按培养基 10 倍用量称取各种大量元素,依次溶解于 800 mL 加热蒸馏水(60~80 ℃)中。应在一种成分完全溶解后再加入下一种成分,尽量将 Ca^{2+}、SO_4^{2-}、PO_2^{3-} 错开,以免产生沉淀。最后定容至 1 000 mL,得到 10×浓度的大量元素母液,存贮于冰箱备用。

2. 微量元素母液　硼、锰、铜、锌、钴等微量元素,用量极少,可按配方 100 倍的量配成母液,存贮于冰箱备用。

3. 铁盐母液　用量很少,按配方 100 倍的量配成母液,转移至棕色试剂瓶,存贮于冰箱备用,贮存时间不宜太长。

4. 有机成分(除蔗糖外)的母液　用量极少,按配方 100 倍的量配成母液,存贮于冰箱备用。

5. 植物激素母液　通常分别配成 0.21 mg/L 的母液,于冰箱中保存。有些药品不易溶解于水,如:2,4-D、萘乙酸,可先溶解于少量的 95% 乙醇中,6-苄基氨基嘌呤先溶解于少量 1 mol/L HCl 中,再加水配成一定浓度的母液;吲哚乙酸可加热溶解。

(二)培养基配制

配制培养基时取出各种母液,加入蒸馏水和蔗糖(花药培养蔗糖浓度较一般组织培养要高些,常用 60 g/L),定容至 1 000 mL,加入琼脂后加热熔化。再用 1 mol/L HCl 或 1 mol/L NaOH 调节 pH,最后分装、灭菌。

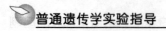

附表 5—1 常用植物基本培养基成分

成 分	植物基本培养成分用量(mg/L)			
	MS	Miller	N6	B5
大量元素				
$(NH_4)_2SO_4$	—	—	463	134
KNO_3	1 900	1 000	2 830	2 500
NH_4NO_3	1 650	1 000	—	
$MgSO_4 \cdot 7H_2O$	370	35	185	250
KH_2PO_4	170	400	400	—
KCl	—	65		
$Ca(NO_3)_2 \cdot 4H_2O$	—	347	—	
$CaCl_2 \cdot 2H_2O$	440		166	150
$NaH_2PO_4 \cdot H_2O$	—	—		150
微量元素				
$MnSO_4 \cdot 4H_2O$	15.6	4.4	3.3	10
$ZnSO_4 \cdot 7H_2O$	8.6	1.5	1.5	2.0
H_3BO_3	6.2	1.6	1.6	3.0
KI	0.83	0.8	0.8	0.75
$Na_2MoO_4 \cdot 2H_2O$	0.25			0.25
$CuSO_4 \cdot 5H_2O$	0.025	—	—	0.025
$CoCl_2 \cdot 6H_2O$	0.025		—	0.025
铁盐				
$Fe_2SO_4 \cdot 7H_2O$	27.8	—	27.8	27.8
$Na_2\text{-EDTA}$	37.3	—	37.3	37.3
$NaFe\text{-EDTA}$	—	32	—	—
有机物质				
甘氨酸	2.0	2.0	—	
盐酸硫胺素	0.5	0.1	1.0	10.0
盐酸吡哆醇	0.5	0.1	0.5	1.0
烟酸	0.05	0.5	0.5	1.0
肌醇	100	—	—	100
蔗糖(g)	30	30	50	50
pH	5.8	6.0	5.8	5.8

二、大肠杆菌培养基(用于大肠杆菌诱变处理与营养缺陷型筛选)

1. 基本培养基(固体)

称取 2 g 葡萄糖、2 g 琼脂、加 100 mL 蒸馏水,调 pH 至 7.0,在 8 lb/in² 下灭菌 30 min。

2. 基本培养基(液体)

称取 2 g 葡萄糖,加 100 mL 蒸馏水,调 pH 至 7.0,在 8 lb/in² 下灭菌 30 min。

3. 无 N 基本培养基(液体)

称取 0.7 g K_2HPO_4、0.3 g KH_2PO_4、0.5 g 柠檬酸钠·$3H_2O$、0.01 g $MgSO_4 \cdot 7H_2O$、2 g 葡萄糖,加 100 mL 蒸馏水,调 pH 至 7.0,在 8 lb/in² 下灭菌 30 min。

4. 2N 基本培养基(液体)

称取 0.7 g K_2HPO_4、0.3 g KH_2PO_4、0.5 g 柠檬酸钠·$3H_2O$、0.01 g $MgSO_4 \cdot 7H_2O$、0.2 g $(NH_4)_2SO_4$、2 g 葡萄糖,加 100 mL 蒸馏水,调 pH 至 7.0,在 8 lb/in² 下灭菌 30 min(高渗青霉素法所用 2N 基本培养液需再加 20%蔗糖和0.2% $MgSO_4 \cdot 7H_2O$)。

5. 肉汤培养基(液体)

称取 0.5 g 牛肉膏、1 g 蛋白胨、0.5 g NaCl,加 100 mL 蒸馏水,调 pH 至 7.2,在 15 lb/in² 下灭菌 15 min。

6. ZE 肉汤培养基(液体)

称取 0.5 g 牛肉膏、1 g 蛋白胨、0.5 g NaCl,加 50 mL 蒸馏水,调 pH 至 7.2,在 15 lb/in² 下灭菌 15 min。

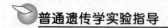

附录Ⅵ χ^2 值表

df \ P	0.99	0.90	0.75	0.50	0.25	0.10	0.05	0.01	0.005
1	0.00	0.02	0.01	0.45	1.32	2.71	3.84	6.64	7.90
2	0.02	0.21	0.58	1.39	2.77	4.60	5.99	9.22	4.59
3	0.11	0.58	1.21	2.37	4.11	6.25	7.82	11.32	12.82
4	0.30	1.06	1.92	3.36	5.39	7.78	9.49	13.28	14.82
5	0.55	1.61	2.67	4.35	6.63	9.24	11.07	15.09	16.76
6	0.87	2.20	3.45	5.35	7.84	10.65	12.60	16.81	18.55
7	1.24	2.83	4.25	6.35	9.04	12.02	14.07	18.47	20.27
8	1.64	3.49	5.07	7.34	10.22	13.36	15.51	20.08	21.94
9	2.09	4.17	5.09	8.34	11.39	14.69	16.93	20.65	23.56
10	2.55	4.86	6.74	9.34	12.55	15.99	18.31	23.19	25.15

参 考 文 献

[1] 詹少华,樊洪泓,林毅."探究-研讨"教学模式在高校遗传学实验中的应用[J].生物学杂志,2009,26(6):89-91.

[2] 熊大胜,席在星.本科生物遗传学实验教学的改革探讨[J].遗传,2005,27(5):811-814.

[3] 闫秋洁,李俊刚,姜立春.从优化实验项目探索生物科学专业遗传学实验教学改革[J].高校实验室工作研究,2009(4):57-58.

[4] 李宗芸,潘沈元,朱必才.改革遗传学实验教学[J].实验室研究与探索,2005,24(12):64-66.

[5] 洪彩霞,肖建富,石春海.改进遗传学实验教学[J].实验室研究与探索,2002,21(2):27-29.

[6] 李标,张继承,梁亦龙.高校遗传学实验教学初探[J].实验科学与技术,2007,5(2):95-97.

[7] 陈晓芸,林鸿生,林燕文.加强遗传学实验教学改革,提高学生实验综合技能[J].中山大学学报,2006,26(6):27-29.

[8] 马莲菊,卜宁,王升厚.开放式教学在遗传学实验教学中的探索与实践[J].沈阳师范大学学报(自然科学版),2010,28(3):444-446.

[9] 华卫建,吕君.新编人类群体遗传学实验一组[J].遗传,2002,24(3):342-344.

[10] 韩秀兰,郭风法,于元杰.遗传学实验教学的改革与实践[J].实验室科学,2007(5):38-40.

[11] 闫绍鹏,王秋玉,王晶英.遗传学实验教学改革的思考与实践[J].实验室研究与探索,2010,29(7):275-277.

[12] 刘忠建,张爱民.遗传学实验教学改革思路[J].济宁师范专科学校学报,2006,27(6):18-19.

[13] 冯九焕,张桂权,刘向东.本科遗传学实验课开设模式探讨——遗传学综合性实验[J].中国农业教育,2003(1):29-30.

[14] 李方远.遗传学实验教学的实践与探索[J].农业与技术,2010,30(1):176-177.

[15] 魏淑红.生物技术专业遗传学实验教学改革探讨[J].实验科学与技术,2010,8(4):114-117.

[16] 刘祖洞,江绍慧.遗传学实验[M].北京:高等教育出版社,1987.

[17] 季道蕃.遗传学实验[M].北京:中国农业出版社,1992.

[18] 余毓君.遗传学实验技术[M].北京:农业出版社,1991.

[19] 王子淑.人体及动物细胞遗传学实验技术[M].成都:四川大学出版社,1987.

[20] 丁显平.现代临床分子与细胞遗传学技术[M].成都:四川大学出版社,2002.

[21] 王亚馥,戴灼华.遗传学[M].北京:高等教育出版社,1999.

[22] 卢龙斗,常重杰,杜启艳等. 遗传学实验技术[M]. 合肥:中国科学技术大学出版社,1996.

[23] 朱军. 遗传学[M]. 北京:中国农业出版社,2002.

[24] 刘庆昌. 遗传学[M]. 北京:科学出版社,2010.

[25] 杨大翔. 遗传学实验[M]. 北京:科学出版社,2010.

[26] http://nxy. yangtzeu. edu. cn/ycx/news/zh/0842619AK8F5AJ23BE6A76EJ. html.

[27] http://jpkc. yzu. edu. cn/course2/yichuanxue/0502syjc. htm.

[28] http://course. zjnu. cn/ycx/course_new/experiment/index. htm.

[29] http://jpkc. jluhp. edu. cn/xmsy/dwyc/index. html.

[30] http://jpkc. zju. edu. cn/k/531/.

[31] http://jpkc. njau. edu. cn/genetics/index/index. asp.

[32] http://genetics. sjtu. edu. cn/mainpage. asp.

[33] http://xiaobao. haust. edu. cn/ycx/.

[34] http://www. lsc. sdnu. edu. cn/guawang/yichuan/index. htm.

[35] http://course. jingpinke. com/area/details? uuid=8a833996-28667fdd-0128-667fdd9f-0017.

[36] http://jpkc. nxu. edu. cn/ycx/jsbg. asp.

[37] http://class. htu. cn/ychx/ejiaoan. asp? p=ycx.

[38] http://202. 207. 160. 42/jpkc/yanguiqin/Intro. html.

[39] http://smkx. bzu. edu. cn/yichuanxue/index. html.

[40] http://202. 201. 224. 27/jpk/apply /teacher /course_preview_index. jsp? curid=445&coursename=遗传学&curstyle=default&from=guest&starts=null&orderitem=curlevel.